センスの良い SQL を書く技術

達人エンジニアが実践している 35 の原則

著 ミック

KADOKAWA

はじめに

　本書のテーマは、RDB（リレーショナルデータベース）とSQLにまつわるエンジニアとしての基礎教養を身につけ、DBエンジニアとしてのセンスの良さを磨くことにあります。裏を返すと、直接的に技術や設計そのものについて語るのではなく、その背景にある理論や考え方を掘り起こして可視化することを目的とした技術エッセイです。その意味で、著者が普段RDBやSQLに相対するときに持っているバックボーンの知識や思考法をダイレクトに抽出し、頭の中をダンプするような内容になっています。あまり他の書籍で明示的に語ったことのない内容が多く含まれているので、読むと驚くところもあるかもしれませんが、読者の皆さんもあまり身構えずリラックスして読んでいただければと思います。コードもほとんど登場しないので、寝転びながら気軽に読めるような本になったのではないかと思います。

　本書は、4章構成となっています。Chapter01「RDB・SQLの基礎」では、データベースやSQLを支える基礎となっている理論や仕組みについて取り上げます。ここでは主に多値論理や述語論理などSQLの背後に控える論理体系やREDOとUNDOの仕組み、読み取り一貫性をそれぞれのDBMSはどう保証しているのか、データキャッシュとREDOバッファの役割といったDBMSのアーキテクチャ（屋台骨）を支える仕組みについて見ていきます。

　Chapter02「RDB・SQLの論理」では、少し発展的な内容を扱います。RDBの中で関数という概念がどういう意味で使われているのか、二階の関数（述語）とは何なのか。ビッグデータは私たちの考え方をどう変えたのか。こうしたテーマを通じてデータベースエンジニアとしての教養を身につけます。

　Chapter03「RDB・SQL進化論」では、近年台頭しつつある新たなデータベースの一群であるNewSQL、基幹系と情報系の統合という果たせぬ夢を追うHTAP、現在続々と登場している生成AIによるクエリジェネレータは本当に成功するのか、といった近未来のデータベースがどんな姿になるのか、といったテーマを扱います。新時代を生きる読者の皆さんがどのようなスタンスでデータベースに向き合えばよいのかを考えます。

　そしてChapter04「職業としてのエンジニア」では、少しデータベースから離れて、著者がこれまでエンジニアとして生きてきた経験や米国で仕事をしてきたエピソードから、皆さんがエンジニアとして仕事をしていくうえで有用と思われるTipsやノウハウ、ケーススタディについて紹介したいと思います。

基本的には前から順に読んでいくことを想定していますが、タイトルを見て興味のある章（Chapter）から読んでもらってもかまいません。前の章や節の内容を前提としている節もありますが、その場合は「X-X節参照」という形で依存関係を明示していますので、さかのぼって読んでいただければ大丈夫です。

　それではさっそく始めましょう。データベースの奥深き世界へようこそ。

2024年12月　ミック

本書を読む際の注意事項

●動作確認環境

本書のSQL文は、原則として標準SQLに準拠しています。そのため、主要なDBMSの最新版であればほとんどのサンプルコードは動作します。一部、実装依存の箇所については本文中で注意書きをしています。

本書のSQL文およびJavaのコードは主に以下の環境にて動作確認を行いました。

- SQL
  - Oracle Database 21c Express Edition
  - Microsoft SQL Server 2022
  - Db2 11.5
  - PostgreSQL 17.1
  - MySQL Community Server 9.0
- Java
  - JDK：Java SE Development Kit 21.0.1 (64bit)
  - JDBCドライバ：postgresql-42.7.3.jar

※PostgreSQL向けのJDBCドライバは下記よりダウンロードできます。
https://jdbc.postgresql.org/

●サンプルコードのダウンロード

本書で利用しているサンプルコードはWebで公開しています。詳細はKADOKAWAのWebサイト上の本書書誌ページ（下記URL）を参照してください。補足情報や正誤情報なども掲載しています。

https://kdq.jp/qrfbj

本書の読み方

達人が考える【センスの良さ】とは？

　無駄がなく、可読性が高いエレガントなSQLこそが目指すべき「**センスの良いSQL**」です。なぜなら、そのまま品質の良さ（メンテのしやすさ、パフォーマンスの良さ）につながるからです。裏を返すと汚いコードは下手なコードなのです。

❶各節のテーマ

センスを身につけるためには、DBやSQLの成り立ちやその根底に流れる思想を理解することも必要です。Chapter01、Chapter02では、こうした根源的な問いを多く解説しています。Chapter03では技術のアップデートをキャッチアップし、センスを磨きます。Chapter04ではDB/SQLを扱うエンジニアとしての心構えを説き、センスを磨き続けるコツを解説します。

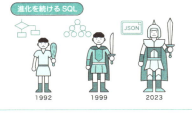

❷サマリー

忙しいあなたのために。ざっくり内容をつかみます。

❸イメージ

SQLの原理やロジックを文章だけで理解するのはハードルが高いので、イラストでビジュアル化。

❹コード

最小限、典型的でわかりやすいものをチョイス。初心者でも大丈夫です。

---

❺コラム

シリコンバレーでの実務経験などを踏まえたSQLに関する知見が満載。

---

❻まとめ（達人への道）

解説内容が実務にどう生きるのかを小括。学習したことのアウトプットをイメージできます。

CONTENTS

はじめに ………………………………………… 2

本書の読み方 ……………………………… 4

Chapter 01

RDB・SQLの基礎

01	データベースは何のためにあるのか	10
02	SQL誕生秘話	18
03	SQLの謎 ― なぜSQLでなければならなかったのか	27
04	SQLにおける命題論理	37
05	多値論理の不思議な世界	46
06	SQLにおける述語論理	56
07	SQLにおける量化の謎 ―「すべての」と「存在する」の不思議な関係	64
08	位置による呼び出しと名前による呼び出し	73
09	SQLにおける再帰の内側	78
10	ナチュラルキー vs サロゲートキー	85
11	データベースの2つのバッファ	91
12	UNDOと読み取り一貫性の保証	98

Chapter 02

RDB・SQL の論理

01 関数としてのテーブル ― 写像と命題関数の謎 ……………… 106
02 最大の自然数は存在するか ……………………………………… 114
03 SQLの論理形式 ― SQLはFROM句から書け ……………… 121
04 「わからないこと」が多すぎて …………………………………… 126
05 結合アルゴリズムのカラシニコフ ……………………………… 132
06 RDBは滅びるべきなのか ……………………………………… 140
07 ビッグデータが変えたもの ……………………………………… 146

Chapter 03

RDB・SQL 進化論

01 ネクストRDB ― NewSQLの実力 ………………………… 152
02 今このデータベースがアツい！ ………………………………… 160
03 HTAP ― スーパーデータベースという夢 ………………… 166
04 SQLと生成AI …………………………………………………… 174
05 入れ子集合モデル ― SQLのパラダイムシフト …………… 180
06 入れ子区間モデル ― もしも無限の資源があったなら ………… 189
07 マルチクラウド時代のデータベース …………………………… 195

Chapter 04

職業としてのエンジニア

01	実現すべき自己などないとき	202
02	歴史的アプローチの効用 ― 演繹 vs 帰納	213
03	テレカンとデスマーチ	217
04	見えないコストに関する考察 ― あるいはメールのCCについて	222
05	異常系をなくせ	227
06	タスクを細切れにしろ	231
07	早飯早グソは三文の得	237
08	戦略的思考	243
09	怒りという武器	248

あとがきと参考文献 …………………… 254

COLUMN

アメリカ人はデータベースがお好き？	17
恐竜とカタツムリの戦争	26
ラプラスの悪魔	45
直観主義論理―もう1つの非古典論理	54
数式で表せない不思議な関数	113
「存在する」は一階の述語だとあくまで言い張ってみる	119
日本人にスーパーデータベースは早すぎる？	150
RaftとKafka	159
入れ子集合モデルは「位置による呼び出し」ではないのかという批判	188
入れ子集合とフラクタル	193

STAFF 本文イラスト：桔川シン、本文デザイン：風間篤士（リブロワークス・デザイン室）、
編集協力：リブロワークス

Chapter **01**

RDB・SQL の基礎

　Chapter01 では、まずデータベースがなぜ必要とされるのかというそもそもの話を導入として、リレーショナルデータベースと SQL を支える述語論理や多値論理の世界をのぞいてみます。本書は論理学の本ではないため、本格的な論理演算や定理の証明には踏み込みませんが、普段何気なく使っているデータベースの裏側でどんな論理が働いているのかを意識してもらうことで、データベースを見る視野を広げてもらいたいと思います。そのあとに、データベースを支える優れたアーキテクチャについて学び、それによってデータベースがいかにして大量データと高負荷なトランザクションに向き合っているのかを理解します。

01-01 データベースは何のためにあるのか

　システムの世界では、定期的にデータベース不要論が盛り上がることがあります。またエンジニアの中にも、データベースというソフトウェアの必要性を軽視する人がいます。「データを管理するだけのために、現在のデータベース管理システム（DBMS）のような重量級のソフトウェアは必要ない。ファイルで管理すれば事足りるのに、なぜ専用のソフトウェアが必要なのか」と。しかし必要性があるからこそ、世界中でデータベースが利用されているのです。まずはデータベース発展の歴史を追いながら、なぜデータベースが必要とされるのか、その理由を明らかにします。

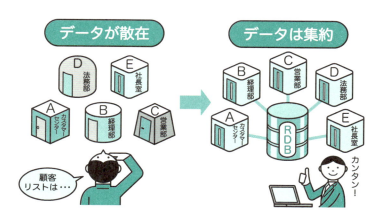

データベースって本当に必要なの？

　「プログラムがなぜ必要なのですか？」と聞く人は、システムの専門家でなくてもまずいません。世の中の様々なシステムはプログラムがなければ稼働しないということは、小学生でも知っています（最近の小学校ではプログラミングの授業が行われています）。それに対して「データベースがなぜ必要なのですか？」という問いは、「素人」の

みならず、システムの専門家であるはずのエンジニアやプログラマからもしばしば発せられます。「別にデータベースなんて高価で複雑なソフトウェアを導入しなくたって、ファイルとスクリプト言語があれば十分じゃないか」と。

これはもっともな疑問だと思います。データベースの必要性というのはわかりづらく、システムの中で重要な役割を担っているにもかかわらず、その重要性は広く理解されているとは言いにくい状況です。しかしガートナーの予測によれば、データベース市場規模（エンドユーザの支出総額）は2027年には$203.6Bに達し、2016年からのCAGR（年平均成長率）は16.8%と高水準を維持しています[1]。

なぜ人はデータベースにそれほどのお金を払うのでしょうか。これはなかなか難しい問題で、正面から答えるのは意外に大変です。そこで、一足飛びに回答を試みるのではなく、データベース誕生と発展の歴史を段階的に振り返り、データベースの世界を切り拓いてきた先人たちの知恵を借りて、この問題に答えてみたいと思います。

1959年 ー データベースの誕生とマギーの予言

データベース（database）という用語が使われるようになった最初の事例は、はっきりした証拠はないのですが20世紀中盤の米軍においてだったと言われています。最初期はまだ「data base」と2つの単語に分けて使われていたそうです。「データの基地」という呼び方は、たしかに軍用っぽい響きのある言葉です。システムの世界において「データベース」という概念が初めて提示されたのは、W. C.マギーの1959年の論文 "Generalization: Key to Successful Electronic Data Processing"です[2]。

次のようにマギーは論文内で、組織内に散在して保存されているデータを**源泉ファイル**（source file）という概念に集約することで、データの重複排除とシステム拡張の効率化が可能になると述べています（以下、訳文は著者による）。

〃

　コスト、給与、原子炉データなど、データ処理の大きな分野を統合することで、今日までかなりの進展があった。統合データ処理システムの主な要件の1つは、システムに関する完全で正確な情報を含む単一の中央ファイルの存在である。このようなファイルには通常、関連するが異なる多数のアプリケーションで使用するために引き出すことができる、より多くの情報が含まれている。このため、このようなファイルは**源泉ファイル**と呼ばれる。

〃

---

[1] "Forecast Analysis: Database Management Systems, Worldwide", 2023：https://www.gartner.com/en/documents/4594399
[2] https://dl.acm.org/doi/10.1145/320954.320955

ここにははっきりと、データを集中管理することにメリットがあるというアイデアが見てとれます。逆に考えると、それまでの人間社会においては、とある組織内（企業でも官庁でも、あるいはもっと下位の部や課でもかまいませんが）で統合的にデータを管理する仕組み——少なくとも情報技術によってそれを半ば強制するもの——というのは、存在していなかったのです。したがって、アプリケーションプログラムを作る際にも、あちらこちらに散在するデータへアクセスして、欲しい情報を取ってこなければならなかった、ということです。データの集約というのは、現代の私たちがシステム開発について教わるとき、最初に教わるイロハのイですが、それが必ずしも自明でなかった時代もあったのです。最初はみんな、**データではなくプログラムのほうに注目してしまう**ものなのです。

　この状況は情報処理試験の勉強をした人ならピンとくると思いますが、システム開発の方法論である**POA**（Process Oriented Approach）に近い発想に近いと言えます。POAは業務手順をシステムに反映させることに重点を置いているため、組織を超えてプログラムやデータを再利用するという発想に乏しく、システム間でデータの重複や不整合が起こり、開発効率を下げてしまうという弊害をもたらします。同じようなデータを持つ、しかし微妙に異なるファイルがあちらこちらの部署に散在している状況というのは、現在では**サイロ**（silo）と呼ばれるアンチパターンの1つであり、プログラマにとっては悪夢のような状況です。

　「こっちのファイルAとそっちのファイルBは微妙に中身が違うから注意してね。ちなみにどっちも正しくないから」
　「えっ！！」

　データベースが存在しなかった時代には、このような非効率な開発スタイルに頼っていました。しかし考えようによっては、POAというのはごく「自然」な考え方です。プログラミングの素人にプログラム作成の演習をさせると、まず間違いなくPOA的な発想でシステム開発を始めます。プログラミングというのは業務プロセスを写し取ったものだ、というのは初心者にも理解しやすいためです。「よし、まずはER図を書いてデータの関係を明らかにしよう」などというプログラミング初心者はまずいません（いたら相当のセンスの持ち主か、人生2回目です）。

　データベースの登場によって、POAに対するアンチテーゼである**DOA**（Data Oriented Approach）への道が拓かれたとも言えます（DOA自体は日本で開発された技法なのでマギーと直接の関わりはないのですが、そのための前史にあたる、ということです）。ここからシステム開発ではまず業務で扱うデータ全体の見取り図（ER図）やCRUD図を作成することで、データを統合的かつ整合的に把握できるようにしよう、という思想が一般化していきます。それによってIE記法やIDEF1Xなどのモデリング

RDB・SQL の基礎　01

技法も発展していくことになります。私たちがよく知っているモダンな開発モデルへつながる道が敷かれたわけです。その点で、マギーの論文はまさに画期をなすものだったと言えるでしょう。ここまでのデータベース発展の歴史を見たところで、「なぜデータベースが必要なのか？」に対する最初の答えを返すことができます。それは、

データ中心的に設計するほうが、データの整合性や再利用性が高まり、ひいてはプログラムの品質も向上するから

ということです。

　ちなみにこれは余談ですが、マギーは同じ論文の中で実際にデータベースを構築する場合、大量のデータから求めるデータを効率的に検索する手段や、データ保全、セキュリティの技術が必要になると述べており、現在のデータベースが備えているべき機能のほとんどが提示されています。それどころか驚くべきことに、「**時間はかかるが、プログラマと文字通り英語で会話できるマシンが発売される日がくるだろう**」とも述べており、現在次々と登場してきている生成AIによるクエリジェネレータの誕生まで予言しているのです（クエリジェネレータについては**03-04節**を参照）。マギーがこの文章を書いたときにはまだSQLも登場していなかったことを考えると、その慧眼には恐るべきものがあります。

1964 年 － バックマンと DBMS の誕生

　さて、前節の回答だけでは、データベース不要派から次のような反論があるかもしれません。

　「データの集中管理のメリットはわかった。でもそれならファイルでもよくない？ わざわざDBMSなんてソフトウェアを導入する意味がわからないんだけど？」

　たしかに、マギーもデータ管理の重要性は訴えたものの、その実装方法についてはフラットファイルを想定していました（源泉ファイルという名称にもそれが端的に表れています）。史上初のデータ管理に特化したソフトウェア——データベース管理システム（DBMS）——の登場は、1964年のことです。当時General Electric社に勤めていた技術者のC.W.バックマンを中心としたチームが**IDS**（Integrated Data Store）と呼ばれる製品を世に送り出します。このIDSはネットワーク・データモデルと呼ばれるデータモデルを持つ、史上初のDBMSでした。

　IDSが画期的だったのは、それまでのようなただのファイルの集積ではなく「データ

管理」を可能にするシステムだったことです。スキーマ定義（DDL）やDML、ロギング、トランザクション、主キーといった機能を実装した製品で、まさにデータベース管理システムと呼ぶに値する最初のシステムだったのです[3]。データモデルは異なるにせよ、のちのほとんどのデータベース製品がこうした重要な機能をすべてIDSから受け継いでいます。IDSは、いわば現在の全データベース共通の祖父にあたるようなシステムです。バックマンはさらに、データ同士の関連を表す今のER図に近いモデリング技法をも編み出しています（**バックマン・ダイアグラム**という名前で知られています）。

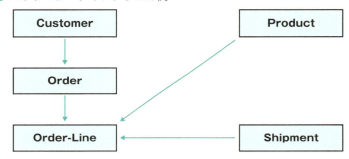

図01-01 バックマン・ダイアグラムの例

ここにきて私たちは、データベース不要派に対して2つ目の回答を返すことができます。それは、

DBMSは、ファイルでは実装の難しいトランザクション制御やデータ操作など便利な機能を提供してくれる

というものです。どうでしょう。これはなかなか強力な論拠ではないでしょうか。複数人がファイル内のデータを操作する場合の排他制御というのは、自前で作るにはなかなか骨の折れる難易度の高いプログラミングになります。しかもそれが数百人、数千人となったときの同時実行制御をファイルで行うとなると、非常に難しくなります。

しかし、相手もまだまだ粘るかもしれません。

「たしかにファイルシステムでトランザクションを組むのは難しいかもしれないが、できないことはない。そこまでデータ整合性にこだわらなければファイルでよいのではないか」

---

[3] トランザクションと聞くと多くの人がACID特性を思い浮かべるかもしれませんが、この時点ではそこまで厳密な性質は定義されていませんでした。ACIDという概念は1970年代にジム・グレイの登場を待たねばなりません。

RDB・SQL の基礎 01

　さて、データベース擁護派としては、どのように答えるべきでしょうか。満を持して、3人目のエースを投入しましょう。

1969 年 ― コッドと SQL の野望

　次にデータベース界に異変が起きたのは、1969年のことでした。最初、それは誰ものちの大変化を予想できないような、ごくささやかな形で表れました。

　きっかけは、IBM社の社内報に掲載された1本の数学的な論文です。「大容量データバンクに保存された関係の導出可能性、冗長性および一貫性」という素っ気ないタイトルのその論文は、特に社内で注目を集めることはありませんでした。著者はE. F.コッドという、まだ40代半ばの少壮のエンジニア。期待した反応が得られなかったことに失望した彼は、仕方なく翌年、今度は社外の学術雑誌に少し書き換えた版を投稿します[4]。これが革命の狼煙となるのです。

　コッドが考えたDBMSは、リレーショナルデータベースという、今では私たちの誰もが知るモデルに基づくものです。しかし、「2次元表という理解しやすいモデルとそれにアクセスするプログラミングを必要としないナビゲーション・システム」という革新的アイデアが、本当に実現可能なのかと最初は多くの人が懐疑的でした（当のIBM自身が前向きではなかった）。ですが、コッドのアイデアは先見の明のある技術者たちの関心を惹きつけました。1970年代初めに、リレーショナルデータベースが実用に耐えるアプリケーションであることを証明しようと、2つのプロジェクトが開始されます。1つがIBMによるSystem R。もう1つがIngresです。後者はカリフォルニア大学バークレイ校が軍とアメリカ国立科学財団（NSF）の援助を受けて立ち上げたプロジェクトで、のちのPostgreSQLへとつながる源流です。

　そのあとのリレーショナルデータベースの躍進は、私たちの誰もが知るところです。本家のIBM以外にも、Oracle、Informix、Sybaseといった勢いのあるスタートアップが次々と優れた製品を世に送り出し、激しい競争の中で機能も洗練されていきます。そして、ほどなくリレーショナルデータベースはネットワーク型データベースや階層型データベースをメインストリームから追い落とし、現在に至るまでRDBはデータベース界の王者の座にあります。RDBがデータベースに加えた付加価値を一言で言えば、**ユーザフレンドリー**の精神です。誰にもなじみのある2次元表のデータ形式とSQLという英語の構文に似せた取り回しの良いデータアクセス専用の言語によって、プログラミングの専門家以外でもデータ操作が可能になったのです。コッドは「SQLがあればプログラマでない人々でも自分でデータへアクセスできるようになる」と、現代の**データ**

---

[4] https://dl.acm.org/doi/10.1145/362384.362685

民主化を先取りしたような発言もしています。ここまできて私たちは3つ目の回答を返すことができます。

データベースがあれば、プログラミングをしなくてもユーザがデータに自分でアクセスできるようになる

これはかなり決定的な回答ではないでしょうか。ファイルを使う場合、データアクセスするたびにアドホックにプログラムを書くか、専用のアプリケーションを作らねばなりません。それは非効率ですし、プログラマの貴重な時間を費やすことになります。

これ以外にもデータベースを利用すれば、ユーザのアクセス制御やバックアップ＆リカバリ、データおよび通信の暗号化、チューニングといった高度な機能も利用することができるようになりました（そういう便利機能は、オプションで追加料金がかかる場合もありますが）。

こうして、データを一元的に管理する「データの基地」としてのdata baseが完成されたのです。

達人への道

データベースは先人たちの試行錯誤と天才のひらめきによって生まれた

OracleでもMySQLでもいいのですが、今、私たちがシステムの世界に足を踏み入れたときにはもうDBMSが当たり前に存在している状態で、いきなりクラスタリングやモデリングといった設計に入ります。そのため、DBMSのありがたさがわからないままシステム開発をするという状況に陥り、迷子になってしまう人もいます。そのような場合は、歴史をさかのぼってみるのが有効なアプローチです（IT技術を理解する手法としての歴史的アプローチについては、**04-02節**でも詳しく見ます）。本節でも、データベース発展の歴史を切り拓いてきた3人の傑物の力を借りて、「データベースはなぜ必要か」という素朴ながらも手ごわい疑問に答えてみました。このように見てみると、私たちが当たり前のように使っているデータベースというソフトウェアも、先人たちの試行錯誤と天才のひらめきによって、ようやくたどり着いた解だったことがおわかりいただけたのではないでしょうか。

RDB・SQL の基礎　01

COLUMN　アメリカ人はデータベースがお好き？

本節では、データベースという現代的な概念が成立したのは20世紀中盤の米国において
だったこと、その概念の発展と高度化も主に米国の技術者や研究者たちが担ってきたこ
とを見てきました。

著者は仕事で米国（いわゆるシリコンバレー）に3年ほど住んでいたことがあるのですが、
滞在していて思ったのは、上から下まで右から左まで、とにかくデータベースとそこに格
納されているデータをいじりまわすのが好きな人たちだな、ということです。米国人が
データベースを好きなことは、現在主要なデータベースベンダがほぼ米国企業によって占
められていることにも表れています。DBMSの代表格であるOracle Database、SQL
Server、MySQL、Db2はいずれも米国企業が所有しています。PostgreSQLの前身となる
DBMSも米国の大学で開発されました。それ以外のNoSQL系においても、MongoDB、
Cassandra、Redisといったメジャーな製品はいずれも米国企業によって開発されています。
近年、台頭著しいNewSQLの製品群——YugabyteDB、CockroachDB、Cloud Spanner——も、
開発元はすべて米国企業です。こんなに雨後の筍のようにデータベースを作っては喜々と
して利用するのは米国人だけです（皆さんは日本産のデータベースと聞いてどれだけ思い
つくでしょうか？　著者が思いつくのは、日立製作所のHiRDB、富士通のSymfoware
Server、管理工学研究所の桐、ノーチラス・テクノロジーズのTsurugiくらいです）。

これほどまでに米国人がデータベースとデータの統計的分析を重視することには、1つ彼
らの信念のようなものがあると著者は感じています。それは米国という国がよって立つ
基盤が民主主義であることです。民主主義というのは、もちろん多数決による意思決定
の方法論ですが、民主主義には統計と共通する特性があります。母集団がなるべく多数
で多様になるほど、良い結果をもたらすという点です。民主主義は意見が偏ることや、
人数が少なすぎる集団においてはうまく機能しないことが知られています（ジェームズ・
スロウィッキー『「みんなの意見」は案外正しい』(角川文庫、2009)）。同様に、統計デー
タもなるべく偏りがなく多数のデータをそろえられるほうが、精度の良い結果が得られ
ます。米国人が熱狂的なまでに「ビッグデータ」を求める背景には、彼らの民主主義を至
上のアイデンティティとする精神があるのではないかと思います。**「〇〇の民主化（～**
democratization)」というのも、必ずしもその内実がはっきりしないところがある言葉
ですが、これも米国人の決まり文句みたいなセリフで、とりあえずこう言っておけば、
みんな反対はできないのです（**「データ民主化」**については**03-04節**で詳しく見ます）。日
本人にとっての「SDGs」とか「エコ」みたいな、とりあえずみんなが反対はしないお題目
に似ているところがあります。

少し突拍子もない意見に聞こえたかもしれません。著者としても、特に裏づける根拠な
どは持っていないただの仮説にすぎないので、今まで語ることを控えてきたのですが（実
際、民主主義によって立つ国ならば欧州にもたくさんあるだろう、という反論もあると
思います）、数年間を米国で過ごしてきて、彼の地のエンジニアたちと話してみて感じた
ところです。

01-02 SQL誕生秘話

　リレーショナルデータベースが最初に登場したとき、「データ取得の具体的なアクセスパスをシステム任せにする」という自動ナビゲーションの思想は驚きと懐疑の目をもって迎えられました。それは今の私たちが生成AIにコーディングさせるなどということが本当にできるのだろうかと、懐疑の目を向けているのと同じようなものです。しかし、RDBとSQLは見事にその能力があることを証明してみせます。本節では、SQLの生みの親の1人であるチェンバリンの手記を基に、SQL誕生と発展の歴史を追ってみたいと思います。

SQLがもたらした衝撃 ― 自動ナビゲーションシステム

　SQLの共同開発者として知られる米国の計算機科学者ドナルド・D・チェンバリンは、SQL誕生50周年を記念して、2024年7月に、"50 Years of Queries"というRDBとSQLの50年間を振り返る回想録を著しました[5]。

---

[5] Donald Chamberlin, "50 Years of Queries"：https://cacm.acm.org/research/50-years-of-queries/

チェンバリンがSQLという言語を発明した当時は、データベースにおけるデータというのは階層型（IMS）やネットワーク型（IDS）のように「つなぎ構造」（いわゆるポインタチェイン）で表されることが当然で、その連鎖をたどることでデータを見つけるのがプログラマの仕事だとされていました。それゆえ、プログラマは「ナビゲーター」と呼ばれていました[6]。チェンバリンの言葉を引きます（以下、訳文は特別な断り書きがないかぎり著者による）。

> *IDSに代表される統合データ管理システムの概念を発展させた功績により、チャーリー・バックマンは1973年にACM A.M.チューリング賞を受賞した。その年、アトランタで開催されたACM年次大会で、バックマンは「ナビゲーターとしてのプログラマ」と題したチューリング講演を行った。その中で彼は、プログラマがナビゲートできる「空間」としてのデータという概念を提示し、レコード間のつながりをたどって質問の答えを見つけることができるとした。データ空間のトポロジーは、IMSのように階層に基づくこともあれば、IDSのように一般的なネットワークに基づくこともある。これらのデータモデルのいずれかに基づくシステムは、「ナビゲーショナル」システムとして知られるようになった。*

当時のデータベース界に対して、バックマンの影響は多大なものであり、DBMSの標準言語を策定するための委員会DBTG（Data Base Task Group）に所属していた彼のリーダーシップの下、1971年に出された報告書をベースに標準言語が作られるものと誰もが思っていました。当時IBMで働いていたチェンバリンは、この報告書のレビューをし、いくつかのサンプルアプリケーションを書きましたが、非常に複雑なものだったと述べています。

リレーショナルモデルの登場と SQL への大転換

IBMで働いていたチェンバリンが初めてコッドの論文に触れたのは1970年のことです。彼は率直に感想を書いていますが、「正直そこまで感心しなかった（I was not too impressed）」そうです。「数学的な用語が多くて、実用的なエンジニアリングのためというより純粋に理論的な研究という印象を受けた」。これはコッドの論文を読んだ当時の大方の人が抱いた感想を代弁しています。実際、コッドが最初にIBMの社内報に論文を投稿したときも、反応はほぼありませんでした。

大きな転機が訪れるのは1972年です。マイアミで開かれたイベントに参加したチェ

---

[6] Charles W. Bachman, "The programmer as navigator"：https://dl.acm.org/doi/10.1145/355611.362534

ンバリンは、コッドの盟友にして卓越した理論家であるクリス・デイトのセミナーに参加し、リレーショナルモデルに対する理解を深めます。そして何より、コッドに直接面会する機会を得ます。チェンバリンはこのとき「初めてリレーショナルデータモデルのシンプルさと力強さを理解した」と言います。従来のバックマン的なアプローチでは、複雑で長大なプログラムを必要とするところを、簡潔なクエリ言語で表現できることを理解したのです。興奮冷めやらぬままニューヨークに戻った彼は、もうすっかりDBTGの言語に対する興味を失っており、リレーショナルなクエリ言語の構想にとりかかります。聡明なチェンバリンはリレーショナルモデルにおけるデータアクセスの本質を見抜いていました。再びチェンバリンの言葉を引きます。

〃

　リレーショナル・システムの本質は、すべての情報がデータ値によって表現され、レコード間の明示的な接続によって表現されることはないということである。クエリは、データ値のみに基づいた高レベルの記述言語で組み立てられる。そして最適化コンパイラが、データ値の根底にあるアクセス補助（B-Treeインデックス、ハッシュテーブル、ソートマージ結合アルゴリズムなど）を使って、各クエリを効率的なプランに変換する。ユーザはアクセスパスを見る必要はない。

〃

　ユーザはアクセスパスを見る必要はない――これこそRDBとSQLが成し遂げた革命を一言で表しています。それまでデータへのプログラムによるアクセスというのは、データのアドレスを参照して物理的な配置を特定するのが当然でした。現在でも、C言語などを扱うときはこれに近いコードを記述する必要があります。バックマンの言語もそうした発想に基づいています。したがって、プログラマはナビゲーター（案内人）である必要があったのです。RDBはこの概念を真っ向から否定します。ユーザはもうデータがどこに格納されているかを気にする必要はない。それはDBMSが"自動的"に見つけることなのだ――自動ナビゲーションシステムが誕生した瞬間です。

　チェンバリンがアクセスパスと呼んだ概念は、現在のリレーショナルデータベースでは**実行計画**（Execution Plan）として実装されています。一般的に、1つのSQL文から複数の実行計画を選ぶことができます。登山において同じ山頂を目指すにも複数のルートが存在するのと同じです。様々な条件を勘案して人間が実行計画を選ぶのではなく、システムに任せようというのがリレーショナルデータベースの抱いた野望です。これはバックマンのやり方を真っ向から否定することであり、当時主流の方向性をひっくり返す、まさに革命です。

図 01-02　アクセスパス

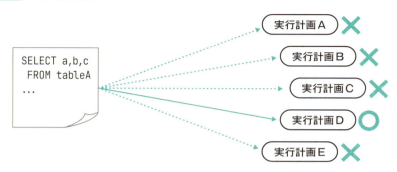

実行計画は DBMS が自動的に選択する

　しかし、チェンバリンはこのアイデアの革新性には心を動かされたものの、実用性に関してはまだ懐疑的だったと回顧しています。

> 　1970年のコッドの論文発表後、リレーショナルデータベースは注目されるようになったが、実用的かどうかはまだ明らかではなかった。全体的なアイデアは、高レベルの記述的クエリを効率的なアクセスプランに変換する最適化コンパイラの構築にかかっていた。専門家である人間のプログラマと同じようにコンパイラがこの仕事をこなせるかどうか、懐疑的な人もいた。データベースのクエリを最適化する仕事は、レジスタの管理よりもはるかに複雑である。ユーザにとってのリレーショナル・アプローチの利点はよく理解されていたが、リレーショナル・システムが大規模なマルチユーザ・データベース・アプリケーションの要件を満たすことができるかどうかという疑問が残った。

　このチェンバリンの疑念は、現在の私たちが抱く、果たして生成AIがプログラマの代わりにコーディングすることが可能だろうかという疑念によく似ています。システムにそこまで自動ナビゲートを任せることが可能なのだろうか、と。1970年代初頭、IBMはこの点を検証するため、リレーショナル・モデルの研究を開始します。コッドが働いていたカリフォルニア州サンノゼで行われた研究が、名高い「**System R**」です。コアメンバーは14人という少数精鋭で、その中にはのちにトランザクションの分野で大きな仕事をするジム・グレイや、チェンバリンとともにSQLの言語仕様を設計することになるレイモンド・F・ボイスといった若き俊英も含まれていました。1988年、System Rはリレーショナルデータベース技術への貢献が認められ、ACM Software System Award を UC Barkley の Ingres と共同受賞することになります。

コッド vs バックマン ― 時計の針が動き出す

　1974年、ミシガン州アナーバーで開かれたイベントにはコッドとバックマンの両雄が出席し、それぞれの立場からネットワークモデルとリレーショナルモデルの利点を主張し合うという「対決」の様相を呈しました。チェンバリンいわく「それはパネルディスカッションという体裁をとっていたが、実際にはディベートであることは、皆知っていた」。そしてこのイベントが、データベース界において分水嶺 (watershed event) になったとチェンバリンは述べます。

〝

　この会議以前は、DBTGレポートに代表されるネットワークデータモデルがデータ管理の「主流」と考えられており、リレーショナルデータモデルは「挑戦者」であり、破壊的で証明されていない提案だと考えられていた。会議のあと、論理情報を物理的表現から分離するというリレーショナルモデルの利点は十分に理解された。……ネットワーク構造化データからリレーショナルデータへの変化のようなパラダイムシフトは普通ゆっくりと起こる。しかし、このイベントでは2つのデータモデルの提唱者同士が直接対決したため、私はここをリレーショナルデータベース50年の「時計の針が動き出した」出来事だと考えている。

〟

　チェンバリンはサンノゼの研究所に戻ってから、リレーショナルモデルにおけるデータ問い合わせ言語の策定に集中することになります。

〝

　レイ（著者注：レイモンド・ボイス）と私はリレーショナル・アプローチのパワーとエレガンスを理解していたが、コッドのアイデアを数学的素養のない人々にも馴染みのある用語で表現すれば、もっと支持を得られるのではないかと考えた。私たちは、より"使いやすい"リレーショナル問い合わせ言語を定義することに着手した。ターゲットとするユーザは、大量のデータにアクセスする必要があるが、プログラミングの経験がなく、コンピュータ・プログラマになりたいわけでもない人である。このユーザは都市計画者や保険アナリストかもしれない。このようなユーザは、質問を作り、技術スタッフに回すことなく、素早く答えてほしいと思うかもしれない。質問の内容は日によって異なるかもしれないし、データベース設計者が事前に予想することもできないだろう。このようなユーザのニーズに応えるため、レイと私は、自然言語にできるだけ近い方法で、しかも明確に定義されたシンタックスとセマンティクスを持ちながら、クエリを表現したいと考えた。

〟

　もうすでにこの時点で、チェンバリンがデータベース問い合わせ言語の利用者とし

て、職業プログラマ以外の**一般的なホワイトカラー**も含めていることが見てとれます。これは当時としては常識破りのアプローチでした。チェンバリンは言語が満たすべき特性として、宣言型であること（非手続き型）、見慣れた英語のボキャブラリーを使用していること、専門的な訓練を受けた人でなくても読むことができる程度に簡明であること、といった条件を挙げています。これはまさに現在のSQLが持っている特性です。これを50年前に構想できるという点で、チェンバリンも相当な天才であると言わねばなりません。

　そして同年、チェンバリンとボイスの連名による"SEQUEL: A Structured English Query Language"という短い論文が世に出ます。SQLが産声を上げた瞬間です。この論文が発表された直後にボイスが亡くなってしまうという悲劇に見舞われますが、SEQUELの研究は継続されます。INSERT、DELETE、UPDATEといった操作コマンドも追加され、ビューやトリガーも定義されて、実用に耐える言語へと成長していきます。1977年、SEQUELの名称は"Structured Query Language"の頭文字をとってSQLに短縮されました。今の私たちがよく知るSQLの基本形が出来上がったのです。

イノベーションのジレンマ

　1977年、Software Development Laboratories（SDL）という小さな会社の創設者たちは、1974年と1976年に発表されたSQL仕様を含むSystem Rの論文のいくつかに興味を持ちました。SDLの創設者たちはここにチャンスがあると直感します。IBMがいずれメインフレームコンピュータ上でSQL製品をリリースするだろうという正しい推測に基づき、彼らはローエンドのDECマシン上で動作するSystem Rに互換性のあるリレーショナルデータベースを開発し、**Oracle**と名づけました。そのソースコードはC言語で書かれていたため、他のプラットフォームへの移植が容易という利点を持っていました。1979年、SQL言語の最初の商用実装であるOracle Databaseがリリースされ、人気の高いDEC VAXミニコンピュータで使用できたことから、すぐに商業的な成功を収めます。

　一方のIBMは、「成功したIMSデータベース製品と競合するために、メインフレーム上でリレーショナルデータベースシステムをリリースすることを急がない」という戦略をとりました。これが大きな誤算となったことを、現在の私たちは知っています。IBMがもたついている間に、Oracleは躍進を遂げてデータベースのトップランナーの地位を確立するに至るからです。IBMは1983年にDB2を限定的にリリースしますが、その時点ではすでにOracleがリレーショナルデータベースの世界をリードする存在になっていました。これは**イノベーションのジレンマの好例**として、クリステンセンも著

書で取り上げている有名なケースです[7]。IBMは自らがリレーショナルデータベースを世に送り出したにもかかわらず、その覇権を握ることに失敗したのです。

1980年代 — 標準化と開花の時代

1982年にはSQLの商用版が市場に登場していました。IBMとOracleによるSQLと、IngresによるQUELです。ANSIの標準化委員会はSQLのほうを標準として採用することに決め、修正や改良について議論しました。そして1986年に、最初の標準SQLであるSQL-86がリリースされることになります。その長さは90ページほどで、言語仕様としては小さなものでした。のちにISOへ標準化団体が変わり、およそ5年単位で新たな標準が策定され、現在に至ります（現在の最新の標準はSQL:2023）。この活発な新陳代謝が、SQLが長命を保つ理由の1つであることは間違いありません。

また1980年代というのは、商用リレーショナルデータベースが次々と現れた開花の時代でもあります。先述のOracle以外にも、その強力なライバルとなるInformixが1980年に設立され、1984年にSybaseが登場し、1989年にはMicrosoftがSQL Serverをリリースします。そして1990年代に入ると、今度はインターネットの発展を受けてMySQL、PostgreSQL、SQLiteといったオープンソースのRDBが現れ新たな市場を開拓していきます。

21世紀に入ってもSQLの人気は衰えることがなく、IEEEが毎年実施しているプログラミング言語の人気ランキングでは、2024年においてSQLは人気度で6位、「仕事の機会」ではPythonを抑えて1位を獲得しています[8]。

図01-03 プログラミング言語人気ランキング 2024年版（「仕事の機会」の上位10言語を抜粋）

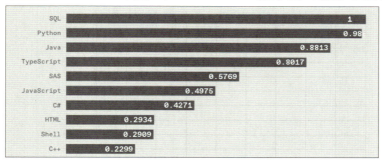

---

[7] クレイトン・クリステンセンらが『イノベーションへの解』（翔泳社、2003）の第2章においてOracleを破壊的技術の一例として取り上げています。
[8] IEEE Spectrum, "The Top Programming Languages 2024 Typescript and Rust are among the rising stars"：https://spectrum.ieee.org/top-programming-languages-2024、訳文は著者による。

> 　Pythonも雇用者にかなり人気があるが、他の汎用言語に対するリードはそれほど大きくなく、昨年と同様、雇用者が他の言語との組み合わせを好むデータベースクエリ言語SQLがトップを守っている。SQLが雇用者に人気な理由は、ネットワークやクラウドベースのシステムアーキテクチャが重視される今日、データベースがプログラムのロジックの入力となるデータの保管場所として当然のものとなったことの延長線上にある。

SQLの長い青春時代は、まだまだ終わる気配を見せません。

達人への道

標準化や商用製品の競争などにより、SQLはデータベースのデファクトスタンダードに至った

SQLが掲げた「自動ナビゲーション」という概念の革新性は、それが当たり前になっている現在の私たちには理解しにくいところがあります。しかし当時の人々にとっては、生成AIでコーディングが完結するという主張と同じくらいの驚きをもって迎えられました。のちにSQLは強力な標準化と激しい商用製品の競争によって一気に様々なシステムへ浸透していき、データベースのデファクトスタンダードの地位を確立するに至りました。そして、RDBとSQLの黄金時代は、現在も続いているのです。

COLUMN 恐竜とカタツムリの戦争

今からさかのぼること30年、1990年代のこと、シリコンバレーでは2つのデータベース企業が熾烈な争いを繰り広げていました。その2社とはOracleとInformix。片や今でもデータベースの巨人として知られる（最近ではクラウドベンダでもある）目下成長株の企業であり、もう一方はのちにCEOが虚偽報告によって有罪判決を受け最終的にIBM社に買収されるという数奇な運命をたどった企業です。

1996年、Informixは風変わりな看板広告を出しました。101（ワン・オー・ワン）というシリコンバレーを南北に縦断する高速道路（著者も通勤に使っていました）沿いに1つの看板が立てられたのです。それは恐竜が道路を横切ろうとしている絵で、「ご注意ください：恐竜が通ります」というキャプションがつけられていました。看板の意図は明らかでした。

「お前らのデータベースは恐竜みたいに時代遅れだぜ！」

これを見たOracleの側がどうしたか。今のOracleなら即座に訴訟に打って出るところですが、当時のOracleは今よりずっと気位が高く、そしてユーモアがありました。しばらくして、今度はInformix社の前に看板が立ちました。そこにはカタツムリの絵が描かれていました。

「お前らのデータベースはカタツムリ並みに遅いな！」

というわけです。これがシリコンバレー名物「看板戦争」の最も有名なエピソードです（ピーター・ティールほか『ゼロ・トゥ・ワン』(NHK出版、2014) の中で紹介されているエピソードです）。争いに巻き込まれるのは遠慮したいところですが、見ている分にはちゃめっ気があって本当に面白い人たちです。しかしこの看板戦争も、2000年代に入るとほどなくして下火になります。インターネットの普及に伴いオンライン広告が主流になっていったためです。今から振り返ると、何ともほほ笑ましい神話の時代の物語です。

01-03
SQLの謎 — なぜSQLでなければならなかったのか

SQLはおよそ半世紀前に作られた言語であるにもかかわらず、現在でもシステム開発の第一線で使われています。これほど長命な言語はプログラミング業界を見渡しても、他には見つかりません。なぜSQLはこれほどまでに時を超えて廃れないのでしょうか。この難問に1つの回答を提示したいと思います。

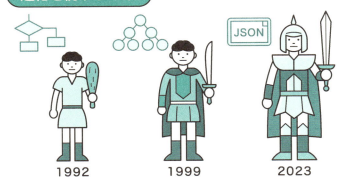

SQLとCOBOLの間の深い川

リレーショナルデータベースでデータ操作を行う言語をSQLと呼びます。読者の皆さんも程度に差はあれ、日々SQL文を何らかの形で利用していると思います。英語によく似た構文を持っているのでプログラミング初心者でも扱いやすく、簡単なことが簡単にできるというのが長所です。難しいことをやろうとするとそれなりに難しくなっていくのですが、そうした発展的な応用法を知りたい方は、巻末に挙げている参考文献案内を参照してください。

本書でもSQLの持つ多様な側面をたびたび取り上げていきます。最初に取り上げるのは「なぜSQLというのはこんなに長生きで、システムの隅々にまで広まっているの

だろう？」という疑問です。SQLが誕生したのは1974年、ほぼ50年前です（2024年が生誕50周年だったわけですが、特にイベントもないし、誰からも祝ってもらえなかったあたりが、なんというかSQLらしい）。これほど長命の言語がシステムの第一線で使われている例というのはなかなか見当たりません。同じく英語に似せた構文を持ち、プログラマでなくても誰でも使えるようにという思想で作られた言語にCOBOLがあります。現在COBOLが使われているのは一部のメインフレームのみで、Javaなどに書き換えるマイグレーションのプロジェクトが進んでいます[9]。COBOLを扱える技術者の数も減少の一途をたどっており、メンテナンス人材が枯渇するという問題も起きています。SQLが非プログラマのホワイトカラー層にまで利用者を増やしつつあることとは対照的です。

　SQLとCOBOLという同じような思想を掲げ、ともにシステムの世界で一度は広く普及した言語が、なぜ一方は今でもデータベース操作言語として第一線で使われているのに対して、もう一方はDXの足を引っ張る厄介者扱いされているのかというのは、なかなか難しい問題です。もちろん、SQLがデータベース操作に特化した宣言型の言語で、COBOLが汎用的な業務を処理することを期待された手続き型言語である以上、両者を同列に比較するのはフェアではありません。しかし、なぜこれほどまでにSQLとCOBOLは明暗が分かれたのか？　という疑問には一考の価値があります。本節では決定的とまでは言えないまでも、この問題に対して1つの回答を与えてみたいと思います。

COBOL 標準化の失敗

　SQLもCOBOLも、ともにISOによって国際標準が定められています。どちらも標準があるものの、各ベンダの準拠状況には大きな乖離があります。一言で言うと、SQLはどのベンダも基本的にはSQL標準に準拠する姿勢を持っているのに対し、COBOLはベンダが標準への準拠を蔑ろにして独自仕様に走りがちなのです。その結果、本来のCOBOLは標準規格で規定され、どのプラットフォームでどのCOBOLコンパイラを使っても容易に移植できるという性質を持つべきとされているにもかかわらず、ベンダが異なると大きく言語仕様が異なるため、移植性がほとんどない、という状況に陥っています[10]。

---

[9] COBOLで構築されたレガシーシステムがDXを阻む現象を日本では「2025年の崖」と表現しています。安藤正芳「残るは「ラスボス」級のCOBOL資産、マイグレーションは2025年に間に合うのか」: https://xtech.nikkei.com/atcl/nxt/column/18/01520/010700001/

[10] 大森敏行「「理想のCOBOL」になったJava、システム開発で盤石の地位築く」: https://xtech.nikkei.com/atcl/nxt/column/18/02821/042300001/

> 加えて、*COBOLには互換性の問題があり、他のベンダーに乗り換えるのが難しい。COBOLの仕様は標準化されており、本来は互換性の問題は少ないはずだ。しかし、例えば日本語化は各ベンダーが独自に行っており、ベンダーごとに文字コードの方式すら異なる。それ以外にもベンダーが提供するCOBOLには独自仕様が多い。*

COBOLが生まれた経緯を少し解説しておくと、米国防総省が事務処理分野でコンピュータを普及させるために政府機関やメーカー関係者で構成される標準言語策定委員会「CODASYL (Conference On Data Systems Languages)」を設立し、事務処理分野で利用する言語の統一と標準化を目指したことに端を発します。そこで開発されたプログラミング言語がCOBOLです。「Common Business Oriented Language」の略であり、名前にCommonという単語が含まれていることからわかるように、共通化・標準化が強く意識されています[11]。しかしそれにもかかわらず、COBOLの標準化は失敗した、と言わざるをえない状況です。

SQL標準化の成功

対してSQLはどうかというと、SQLが誕生してからしばらくの間はベンダが独自に拡張を進めていたのですが、米国のANSI（米国国家規格協会）が標準化を提唱し、最初の標準がSQL-86として誕生することになります。のちにISOで国際標準として定められるようになり、数年おきに改訂が行われるようになって現在に至ります。そしてここが重要なポイントなのですが、各データベースベンダは基本的にSQL標準に**準拠する姿勢を見せた**のです。1980年代以降、百花繚乱の勢いで様々なデータベースベンダが登場しますが、どのベンダも基本的に標準への準拠を謳います。もちろん独自実装がないわけではないのですが、それはまだ標準が定められていない分野での独自拡張であって、標準を無視して独自路線を歩むということはなかったのです[12]。標準構文はしっかりサポートしたうえで、独自拡張で差別化を図る、という戦略が採用されました。

SQL標準には別に強制力があるわけではないので、なぜ各ベンダが準拠の方向で意見が一致したのか、というのは1つの謎です。SQLも1つ間違えばCOBOLのような惨状になってもおかしくなかったはずなのですが、両者の明暗はどこで分かれたのか、

---

[11] 中野恭秀「COBOLはいかにして生まれ、人気を集め、そして嫌われるようになったのか」: https://xtech.nikkei.com/atcl/nxt/column/18/01921/012100001/
[12] 昔のSQLは、外部結合の構文の方言がひどく、たとえばOracleでは(+)演算子を使う、SQL Serverでは * = を使うなど、まったく互換性がなく、SQLプログラミングに難儀しました。最近では、JSONを扱う演算子や関数が実装ごとにバラバラである点を著者は憂慮しています（JSON型が標準化されたのはSQL:2023と遅すぎたため、各ベンダが独自実装を進めてしまったのです）。SQLにおけるJSONの扱い方について詳しくは拙著『SQL緊急救命室』（技術評論社、2024）第6章を参照。

というのは正直よくわかりません。1つの仮説を提示するとすれば、それはデータベースの市場が大きく、**製品の種類も多く、競争の激しい**分野だったことではないか、というものです。どのデータベースも当然のことながらシェアを1%でも伸ばすべく努力していますが、そのためにはライバルからデータを奪う必要があります。そしてデータだけ奪っても仕方ないわけで、そこにはデータ操作言語としてのSQLがセットでくっついてきます。SQLが標準化され、各ベンダが準拠する姿勢を見せることで、データがポータブルである意味が出てきます。標準SQLへの準拠を行うということは、いわばデータというボールを奪い合うゲームへ参加する意思表明になるわけです。

　これは一種のもろ刃の剣です。データの流動性が高いということは、自分たちが競争に負ければ容易にライバルにデータを奪われてしまいます。一方、自らが優位性を示せれば市場を総取りすることも夢ではありません。実際、かつてのOracleや現代のSnowflakeのような勢いのあるデータベースベンダが登場すると、あっという間に市場を席巻することが起きます。そして米国人というのは世界で最も競争が好きで、競争によって自らの国は発展してきたのだと信じている国民です。COBOLベンダ同士の間に欠けていたのは、この熾烈な競争環境だったのではないでしょうか。

　また、SQLがポータブルな言語であるためには、標準SQLがきちんとシステム開発が可能なくらいリッチな言語仕様を持つ必要があります。そのため、SQLの標準化は過去から現在に至るまで活発に行われており、便利機能が標準に盛り込まれてきました。以下に過去の標準SQLの代表的な追加機能の一覧を示します。現在最新の仕様はSQL:2023ですが、ここまでくるとほぼあらゆるシステム開発に標準SQLだけで対応できます。今後見込まれる機能追加としては、やはりAI関連が有力でしょう。すでにOracleなどはベクトル演算の機能を独自に実装しており[13]、乱立する前に標準化することが望まれます。

【標準SQLの代表的な追加機能の一覧】
- SQL-92
  - DATE、TIME、TIMESTAMP、INTERVAL、VARCHARなどのデータ型
  - CASE式
  - トランザクション分離レベル
  - 一時テーブル
  - CAST関数
  - スクロール可能カーソル

---

[13]Oracleでは23aiよりベクトル検索機能がサポートされました。"Oracle AI Vector Search User's Guide"：
https://docs.oracle.com/en/database/oracle/oracle-database/23/vecse/index.html

RDB・SQL の基礎 01

- SQL:1999
  - ROLLUP、CUBE、GROUPING SETS などの GROUP BY 句で使う OLAP 機能
  - 構造化されたユーザ定義型、配列型、ブール型、LOB 型
  - 共通表式
  - 再帰 SQL
  - トリガ
  - ストアドプロシージャ
  - CTAS（CREATE TABLE AS）
- SQL:2003
  - ウィンドウ関数
  - Merge 文
  - シーケンスオブジェクト
- SQL:2016
  - JSON ドキュメントを作る関数、文字列に JSON データが含まれているかどうか チェックする関数
  - LISTAGG 関数
- SQL:2023
  - JSON 型
  - グラフクエリ（SQL/PGQ）
  - GREATEST/LEAST 関数
  - 文字列パディング関数

標準 SQL の強力さ

　この標準機能の一覧を見てまずわかるのは、SQLというのは現在においても活発に標準化の改訂が行われている「生きた」言語だということです。これは SQL の利用シーンが広がり、利用者数も増えていることとシンクロした動きです。SQL は英語圏を中心に非常に利用者の多い言語です。

　次に思うのは、SQL-92 以前の SQL というのは相当に不便な言語だっただろうな、ということです。基本的なデータ型や CASE 式も一時テーブルもない状況でプログラミングしろと言われても困ってしまうでしょう。かつて SQL は「Scarcely Qualifies as a Language（欠陥言語）」の略称だ、と悪口を言われた理由もわかるというものです。SQL が言語として 1 つの「完成形」に到達するのは、SQL:2003 においてウィンドウ関数やシーケンスオブジェクト、MERGE 文をサポートしたときです。ここにおいて SQL は、Java や Python といったポピュラーな手続き型言語と、データ操作において

31

同等の機能を獲得したと言えます。いや、それどころか標準SQLで解くほうが、エレガントで高速に解ける問題が数多くあるのです。一例として次のような処理を考えてみましょう。

【問題】
以下の部署テーブル（Departments）から、課のセキュリティチェックがすべて終わっている（check_flagがすべて「完了」）部署を選択したい。

テーブル定義：部署テーブル

```
CREATE TABLE Departments
(department  CHAR(16) NOT NULL,
 division    CHAR(16) NOT NULL,
 check_flag      CHAR(8)  NOT NULL,
   CONSTRAINT pk_Departments PRIMARY KEY (department, division));
```

Departments：部署テーブル
department：部署名、division：課名、check_flag：チェックフラグ

表01-01 部署テーブルのデータ

department（部署名）	division（課名）	check_flag（チェックフラグ）
営業部	一課	完了
営業部	二課	完了
営業部	三課	未完
研究開発部	基礎理論課	完了
研究開発部	応用技術課	完了
総務部	一課	完了
人事部	採用課	未完

求める結果

```
department
----------
研究開発部
総務部
```

RDB・SQL の基礎 01

　これはいわゆるコントロールブレイク処理の一種です。手続き型言語で解くには、1行ずつループさせながらチェックフラグの値を調べて、1つでも「未完」の課があったらフラグを false にする、ということをすべての部署について繰り返します。次に Java でのコードを示しますが、見ての通り条件が複雑で例外条件も多い難しいコードになります。

チェックフラグがすべて「完了」の部署を求める（Java + PostgreSQL）

```java
import java.sql.*;

public class SecurityCheck {
    public static void main(String[] args) throws Exception {

        /* 1) データベースへの接続情報 */
        Connection con = null;
        Statement st = null;
        ResultSet rs = null;
        String url = "jdbc:postgresql://localhost:5432/shop";
        String user = "postgres";
        String password = "test";
        String strResult = null;

        /* 2) 変数の初期化 */
        String  strCurDepartment = "";
        String  strOldDepartment = "";
        String  strCheckflg = "";        /* 完了または未完 */
        boolean blCompleted = true;      /* 完了フラグ */

        /* 3) JDBCドライバの定義 */
        Class.forName("org.postgresql.Driver");

        /* 4) PostgreSQLへの接続 */
        con = DriverManager.getConnection(url, user, password);
        st = con.createStatement();

        /* 5) SELECT文の実行 */
```

33

```java
rs = st.executeQuery("SELECT * FROM Departments " +
                            "ORDER BY department, division");

/* 6) ヘッダの表示 */
String strHeader = " department" + "\n" + "-----------" + "\n" ;
System.out.print(strHeader);

//最初の行かどうかを判断するカウンタ
int rowCnt = 0;

/* 7) 結果セットを1行ずつループ */
while (rs.next()){
    rowCnt ++;   /* 最初の行で1になる */

    strCurDepartment = rs.getString("department").trim();
    strCheckflg = rs.getString("check_flag").trim();

    /* 8) 部署が異なる場合（かつ最初の行でない場合）
            はブレークしてチェックフラグを確認 */
    if (strOldDepartment.equals(strCurDepartment) == false && rowCnt > 1){
        /* チェックフラグがtrueなら出力 */
        if (blCompleted == true){
            System.out.print(strOldDepartment + "\n");
        }
        /* ブレークしたら完了フラグもtrueで初期化 */
        blCompleted = true;
    }

    /* 9) 一つでも未完の課があれば完了フラグをfalseにする */
    if (strCheckflg.equals("未完")) {
        blCompleted = false;
    }

    strOldDepartment = strCurDepartment;
}
```

RDB・SQL の基礎 **01**

```java
/* チェックフラグがtrueなら最後の部署を出力 */
if (blCompleted == true && rowCnt > 0){
    System.out.print(strCurDepartment + "\n");
}

/* 10) データベースとの接続を切断 */
rs.close();
st.close();
con.close();
    }
}
```

いかがでしょう。著者はこれだけのコーディングをするのにも結構時間がかかりましたし、一発では思うような結果が得られず何度もデバッグを行いました。フラグの処理やテーブルが0件だった場合の例外処理など、考えるべきポイントが多く、難しいコードになることがおわかりいただけると思います。

一方、これをSQLで解く場合は簡単明瞭です。次のようなクエリで実現できます。

SQL によるコントロールブレイクの解法
```sql
SELECT department
  FROM Departments
 GROUP BY department
HAVING COUNT(*) = SUM(CASE WHEN check_flag = '完了'
                           THEN 1 ELSE 0 END);
```

ポイントはHAVING句のCASE式にあります。これはcheck_flagが「完了」ならば1を、「未完」ならば0を返す関数として作用します。そのため、全件を数えるCOUNT(*)と右辺のSUM関数の値が一致するということは、全行についてcheck_flagが「完了」だったことを意味するのです。わずか5行のエレガントな解法です。いかがでしょう。皆さんは手続き型言語で解くのと、SQLで解くのとどちらを選択したいと思いますか？ 著者は正直これを手続き型言語で解くのは御免だと思います。

35

SQLは永遠に不滅です

　このようにSQLというのは、標準SQLの範囲内であっても非常に強力な機能を持っており、コードをエレガントに書くことが可能です。プログラマやエンジニアの中には、SQLに対して良いイメージを持っておらず、とにかく何でもかんでも手続き型言語の考え方で解こうとする人が一定数います。特に年配のエンジニアに多いのですが、これはSQLに対するイメージがSQL-92以前で止まってしまっているからです。CASE式もウィンドウ関数も持っていなかった頃のSQLは、それはそれは非力で使い物にならない言語だったことは事実です。しかし、そこで時計の針を止めてしまうのはもったいない話です。エレガンスとパフォーマンスを**両立させられる**のがSQLの強みです。もし皆さんも、SQLに対するイメージが古いままで止まっていたら、ぜひアップデートすることをお勧めします。

 達人への道

更新されていく標準SQLの習得が重要である

本節では、SQLがなぜこれほど長命なのかという疑問を考え、その理由を標準SQLの強力さと各ベンダの準拠してくる姿勢に求めました。これによって、データベースは移植性が高く、それゆえに競争も激しい分野となっています。その競争が新たなダイナミズムをもたらし、データベースの絶え間ない進化を支えています（データベース進化の最前線である**NewSQL**という分野については、**03-01節**、**03-02節**で取り上げます）。ユーザとしても、こうしたデータベースの進歩の恩恵を受けない手はありません。そのためには、絶えず更新されていく標準SQLの習得が重要です。

01-04 SQLにおける命題論理

WHERE句やHAVING句で、私たちはANDやOR、NOTといった演算子を使ってレコードの抽出条件を操作していますが、これは命題論理という論理学の一分野を応用したものです。命題論理では、ANDやORのような論理結合子を使って様々な命題を構成していきます。その構成される命題の中にトートロジーという特別なカテゴリがあります。トートロジーは原子式の付値によらず真となる命題ですが、その中には真理性の疑わしいものがあります。特に排中律と呼ばれるトートロジーは、本当にこれを認めてよいのか、論理学者の間でも議論になります。そしてこれがSQLにおける論理が誕生することになった決定的な要因でもあるのです。

命題論理

SQLのWHERE句やHAVING句では、命題論理 (propositional logic) に基づいた真理値の演算が行われています。皆さんも普段、ANDやOR、NOTといった演算子を用いて、WHERE句に検索条件を書いていると思います。これは命題全体を1つの記号

（AとかB、あるいはPとかQという記号で表します）に置き換えて単純化し、ANDのような論理演算子を用いて一種の計算を行う論理学の一分野です。本節では、この命題論理についてその面白い性質── 一部の人にとっては納得のいかないところもあると思いますが──を見ていきたいと思います。なお、本節全体が次節を理解するための準備となっています。そのため、途中つまらないなと思ったとしても、少し我慢して本節を読んだのちに次節を読んでいただきたく思います。そのほうがより次節の面白さが増します。

命題とは何か

「真か偽に決まる言明文（断定文）」という意味での命題（proposition）という概念は、古代ギリシアのアリストテレスにまでさかのぼります。命題の例としては、

「私は昨日の朝食に目玉焼きを食べた」
「富士山の高さは3,776mである」
「東京と大阪の間の距離は500kmである」

といった言明が挙げられます。別に真である必要はなく、間違っていてもかまいません。とにかく真偽がはっきりするという点が重要な要件です。

こうしたサンプルを見ると、命題という概念の定義はシンプルで説得力があるように見えます。しかし実は、この概念は最初に思うよりもかなりいかがわしいものです。というのも、世の中には簡単には真偽を決められないような言明や、そもそも真偽が定まるのかすら怪しい言明であふれているからです。そうした命題のいかがわしさについては次節で見ることにしますが、とりあえず今は、命題というのは真偽が定まるものだ、と考えてください。これが**2値原理**（principle of bivalence）という論理学の基本的な原則であり、古典的な命題論理もこれを前提に作られています。

論理結合子と真理表

この原則に基づくと、次のような基本的な命題（**原子式**と呼びます）同士を連結する演算子を用意することによって、多彩な命題を生み出すことが可能になります。

表 01-02 論理結合子の一覧

日本語の接続詞	名称	記号	SQLでの記法
かつ	連言	∧	AND
または	選言	∨	OR
ならば	条件法	⊃	CASE WHEN ～ THEN ～
でない	否定	¬	NOT

　このような演算子を論理結合子 (logical connective) と呼びます。この結合子を導入すると、2つの命題を結びつけることによって作られる命題の真理値は、次のように分類されます（AとBは任意の命題とします）。

表 01-03 真理表（2値論理）

A	¬A
t	f
f	t

A	B	A∧B	A∨B	A⊃B
t	t	t	t	t
t	f	f	t	f
f	t	f	t	t
f	f	f	f	t

　tは真 (true)、fは偽 (false) の頭文字です。このような対応表を**真理 (値) 表** (truth table) と呼びます。この真理表があると何が便利かというと、どんなに複雑な複合命題であっても機械的に真理値の演算を行えることです。たとえば、以下のような複雑怪奇な命題であっても、コンピュータを使えばあっという間に計算して真偽を定めることができます。このような複雑な命題の真理値がどうなるかを調べることを**真理値分析**と呼びます。

$$\text{NOT}((A \land B) \lor (C \supset D)) \supset ((P \supset Q) \lor (R \lor T))$$

　この真理表という発明は、アイデアは非常に単純であるにもかかわらず、その便利さは論理学の中でも1、2を争います。私たちがWHERE句でどれだけ複雑な条件を記述しても間違いなく計算が行われるのは、真理表のおかげなのです。コンピュータにとって、このようなはっきりした規則が定められている複雑な計算というのは、最も得意とするところです（反対に、人間にこういう計算をやらせるとすぐにミスります）。

論理回路と真理表

なお、電子工学を専攻した人は、この真理表のtとfを0/1で置き換えた論理回路を教わったと思います。デジタルな電子回路によって論理演算を行う回路で、A∧BをA×B、A∨BをA+Bと解釈することで、数値の演算に置き換えることができます。たとえば、A = 1、B = 0のときは、直感的にわかりやすい数値演算で代用できます。

$A \wedge B = A \times B = 1 \times 0 = 0$
$A \vee B = A + B = 1 + 0 = 1$

表 01-04 論理回路

A	¬A
1	0
0	1

A	B	A∧B	A∨B	A⊃B
1	1	1	1	1
1	0	0	1	0
0	1	0	1	1
0	0	0	0	1

次のようなMIL/ANSI記号を見たことのある人もいるのではないでしょうか。

図 01-04 MIL/ANSI記号

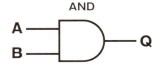
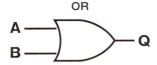

こうした0/1の表現は主に電子回路の設計で用いられますが、プログラミング言語にも実装されており、論理積・論理和という名前で呼ばれています。たとえば、C言語では論理積は以下のように&&を用いて表現します（論理和は||という記号を用います）。

if (x==0 && y==0)

SQLにおいても、たとえばSQL ServerのBIT型はこのような0/1の値をとります[14]。

---

[14]「bit (Transact-SQL)」：https://learn.microsoft.com/ja-jp/sql/t-sql/data-types/bit-transact-sql?view=sql-server-ver16)

RDB・SQL の基礎 01

「ならば」にまつわる違和感①

　論理結合子を使うと、たとえば「健太の誕生日は11月28日である」と「美咲の誕生日は1月1日である」という2つの命題から、

　1「健太の誕生日は11月28日である」かつ「美咲の誕生日は1月1日である」
　2「健太の誕生日は11月28日である」または「美咲の誕生日は1月1日である」
　3「健太の誕生日は11月28日ではない」かつ「美咲の誕生日は1月1日である」
　4「健太の誕生日は11月28日である」ならば「美咲の誕生日は1月1日である」

といった新たな命題を創出することができます。

　ところで、これらの命題のうち、上の3つは有意味な命題として特に違和感なく受け入れられたと思いますが、最後の「ならば」を使った命題には少しおかしな印象を受けた人も多いと思います。この命題は形こそ「AならばB」という妥当な命題の形式をとっているものの、健太がいつ生まれたかということと、美咲がいつ生まれたかということの間には、因果的な結びつきがありません。2人がいつ生まれたかというのはお互いの家庭の独立な事情に基づくものです（兄妹だったとしても関係ないでしょう）。したがって、我々が論証に期待する「前提から結論が出てくる」ような、内容的に結びつきのある命題同士になっていないのです。

　それにもかかわらず、この「ならば」で接続された命題もまた、真理表によれば2つの命題が真であるときには真な命題となるのです。これは論理結合子の真理表が命題の中身——便宜的にそれを「意味」と呼んでおきましょう——には一切頓着しないからです。真理表は命題の構文（形式）にしか着目しません。その点で真理表は、命題の真偽についてすべてをカバーする道具立てではないのです。便利ではあるものの限界のある道具なのです。

「ならば」にまつわる違和感②

　条件法「ならば」については、多くの人が違和感を持つ箇所がもう1つあります。それはAが偽、Bが真という真理表（**表01-03**）の3行目のケースです。AとBを次のような命題だと考えます。

　A「私は自動販売機にお金を入れる」
　B「自動販売機からジュースが出てくる」

AとBが両方とも真である場合に「自動販売機にお金を入れたらジュースが出てくる」は文句なく真です。ここには何の問題もありません。しかし、Aが偽でBが真であるケース「自動販売機にお金を入れないならジュースが出てくる」はどうでしょう。私たちの常識に照らし合わせれば、こんなことは起きないはずです（機械が壊れていたり機械をドンドンたたいたりしないかぎり）。しかし、このケースにおけるA ⊃ Bは真になるのです。これにかぎらずAが偽の場合は、Bが真でも偽でもA ⊃ Bは何だって真になるのです。「1+1=3であるならば1+1=4である」という荒唐無稽な命題すら真になります。これは破壊的な帰結です。これを**実質含意のパラドクス**と呼びます。こんな結論を許す論理体系がまともなものでありうるのでしょうか。何かがおかしいのではないでしょうか。

　しかし、これが現在の標準的な論理なのです。理由は、他の真理値の組み合わせにすると今以上におかしなものになるため、この付値がとりうる中でベストの選択肢だからです。論理学における条件法と、現実世界で私たちが使う「ならば」の間にひどく不整合があるのは、否定しがたい事実です。しかし、論理的に厳密な人工言語を作ろうとすると、これが最善手なのです（この違和感を解決しようという試みも論理学では長いこと取り組まれており、その最初の成果としてC. I. ルイスが1912年に提案した厳密含意があります。ただ、SQLには関係ないので詳細は割愛します）。

トートロジー

　原子式と論理結合子を組み合わせて作られる論理式（命題）は、無限にあります。単純な話、連言の結合子でひたすら原子式をつなげて、A ∧ B ∧ C ∧ ……と続ける単純な方法でも無限の命題が作れます。その数多くの命題の中でも、論理学的に特別な地位を占める命題の集合があります。それが**トートロジー**です。恒真式とも呼びます。これは原子式がどんな値をとったとしても作られる命題が常に真になるような論理式のことです。

　代表的なトートロジーには以下のようなものがあります。

- **同一律**：A ⊃ A
- **排中律**：A ∨ ￢A
- **矛盾律**：￢(A ∧ ￢A)
- **推移律**：((A ⊃ B) ∧ (B ⊃ C)) ⊃ (A ⊃ C)
- **肯定式**：(A ∧ (A ⊃ B)) ⊃ B

　たとえば、同一律を普通の日本語で表すと、「AならばA」です。具体的な命題を当

てはめてみると、「今朝の朝食では卵を食べたなら、今朝の朝食では卵を食べた」ということになります。この同一律では、Ａがともに真か、ともに偽かのどちらかの付値しかとりえないため、真理表を見てみるとどちらも真になることがわかります。これは私たちの常識とも合致します。朝ごはんに卵を食べたならば食べたのだし、食べなかったのなら食べなかったというのは、トリビアルに成立する真理であるように思われます（次節で、これが果たしてそんなトリビアルに成立する「真理」か、という疑問を考えますが、それはあとのお楽しみ）。

　少し複雑に見える推移律や肯定式も、意味としてはごく自然なものです。推移律はＡが成立している場合にＢが成立し、かつＢが成立する場合にＣが成立するなら、間のＢをすっとばして「Ａが成立するならＣが成立する」とみなしてもよい、ということです。肯定式は**モーダス・ポネンス**というラテン語でも知られており、次のような論証の基本的な形式です。

　Ａである
　ＡならばＢである
　したがってＢである

　たとえば、次のような論法を表しており、命題論理の基本的な推論規則とされています。

　今日は月曜日である
　今日が月曜日ならば私は仕事に行く
　私は仕事に行く

　矛盾式も「Ａかつ¬Ａが同時に成立することはない」という矛盾に関する私たちの直観と合致します。ここまでは、トートロジーはうまく作用しているように思われます。
　問題は**排中律**です。

トートロジーは常に真か ― 未来と不完全性

　排中律もＡ∨¬Ａの論理式として見るかぎり常に真です。日本語で表現するなら「ＡかＡでないかのどちらかだ」ということです。これは私たちの常識とも合致するように思われます。たとえば、「カエサルはルビコン川を渡ったか、渡っていないかどちらかだ」という命題は、私たちの生きるこの世界では、無条件に真とみなせるように思われます。この命題の何が問題か。次のような命題はどうでしょう。

円周率の小数展開において7が連続して7回現れるか、そうでないかのどちらかだ

現在展開されている円周率の小数表現において、7が7回現れたことはありません。一方で、「円周率の小数展開において7が7回現れることはない」ということが数学的に証明されたわけでもありません。現在の人間の知識では、この命題については真偽の白黒がつけられないのです[15]。あるいは次のような命題はどうでしょう。

私は明日の正午、東京にいるか、いないかのどちらかだ

この命題は真でしょうか。それを考えるには、「私は明日の正午、東京にいる」という命題の真偽を考えねばなりませんが、この命題の真偽は現時点では不定であるように思われます。真とも偽とも言いようがありません。2値原理からの逸脱例ということになります。真でも偽でもない命題を入力にとることになり、排中律は正しく動作しません。プログラムならエラーを吐くところでしょう。

このように、**人間の認識の限界**（円周率の例）や**未来の不確定性**（明日についての言明の例）に関わる命題を考え始めると、古典論理が音を立てて軋み出します。何かがうまくいっていない……だが、何がうまくいっていないのか。それを次節以降で考えていきたいと思います。

達人への道

真理表で複雑な論理も機械的に真偽を定めることができる

本節では命題を連結子でつなげて、様々な命題を作り出していくという命題論理の基礎を解説しました。真理表という優れたツールによって複雑な論理式であっても機械的に真偽を定めることができることを見ました。古典的な命題論理は2値原理という命題が必ず真か偽の値をとるという原則を前提としていますが、いくつかの命題において、この2値原理が本当に正しいのか、という疑念が生じるところで話が終わりました。次節では、この問題を解決するために考え出された非古典論理の世界をのぞいてみます。それがダイレクトにSQLへ結びついていくのです。

---

[15] この問題に対して「でも神様なら知っているはずだ」と考えた人もいるかもしれません。これは決して悪いセンスではありません。全知全能の存在を仮定するというのは、私たちがそれにリアリティを感じるかどうかはともかくとして、1つの解決策です。**COLUMN「ラプラスの悪魔」**も参照。

RDB・SQL の基礎 01

COLUMN ラプラスの悪魔

2値原理に対する反例として、本文では以下のような未来に関する言明を取り上げました。

私は明日の正午、東京にいるか、いないかのどちらかだ

しかし、あくまで2値原理を堅持し、この命題には現時点でも真偽のどちらかに決まるのだとする立場がないわけではありません。物理学的な決定論においては、次のような主張がなされることがあります。

人間には無理だとしても、ある時点において作用しているすべての力学的・物理的な状態を完全に把握・解析する能力を持つがゆえに、未来を含む宇宙の全運動までも確定的に知りえるような超人間的知性を想定することはできる

これは、フランスの数学者ピエール＝シモン・ラプラス（1749-1827）によって提唱された超越的概念で、彼の名前を取って**ラプラスの悪魔**と呼ばれます。このような全知全能の知性を前提にすれば、私が明日の正午、東京にいるかどうかは現時点で決まっているということになります。あらゆる事象が原因と結果の因果律で結ばれるなら、現時点の出来事（原因）に基づいて未来（結果）もまた確定的に決定されるという点で、因果的決定論とも呼ばれます。

これは哲学的には運命論への道を拓く考え方であり、自由意志の否定へとつながるという点で極めて重要な論点です。私たちが未来において行うことには、一般にはある程度の自由意志が介在していると考えられています。しかし、本当にそうなのか。私たちが何を行うかは前もって決められているのではないのか。そのような疑念を抱かせる思考装置です。

この決定論 vs 自由意志の戦いは宇宙の果てまで行っても決着はつかないでしょうが、読者の皆さんはどちらにグッとくるでしょうか。次節では、未来は何も決まっていないのだという自由意志陣営の議論を見ていきたいと思います。

01-05

多値論理の不思議な世界

　前節で古典論理のトートロジーの1つである排中律が非常に怪しい命題であることを見ました。本節ではこの問題に対して、SQLが採用した解決方法である3値論理（およびそれを一般化した多値論理）において排中律およびトートロジーがどのように扱われるかを見ます。多値論理の中で最も"多い"真理値を用いる無限多値論理の考え方を紹介します（訳文は断り書きがないかぎり著者による）。

〃

　もし2分法が人間の行動に不可欠なものを満たす知識体系を導くならば、適切な分類だと考えられるだろう。私たちが日常言語と古典科学において2値論理を採用するのは、この理由による。しかし、特定の目的のために2分法が不適切に感じられることもあるかもしれない。その場合は、命題を3つのカテゴリーに分類することが好ましいであろう。そのとき、私たちは躊躇なく3値論理を採用し、排中律を捨て去るであろう。

〃

[出典] ハンス・ライヘンバッハ「バートランド・ラッセルの論理学」[16]

頭髪 n 本の人が禿頭ならば
n+1本の人も禿頭である・・・？

1本　　禿頭？
2本　　禿頭？
3本　　禿頭？
4本
100本
1,000,000 本

ジョンは明日の昼ご飯にチャーハンを食べるか、
食べないか、どちらか……なのか？

　前節の最後で、排中律という古典的な命題論理におけるトートロジーの怪しさを見ました。これはどうひいき目に見ても、無条件でトートロジーとみなすには大きな反例がある命題です。実際、論理学の歴史においても、この排中律を怪しいと考えた人々がいます。その代表格が戦間期ポーランドを代表する論理学者J.ウカシェヴィチ（Jan Łukasiewicz, 1878-1956）です。

　ウカシェヴィチは、真でも偽でもない第3の真理値として「可能」を定義しました。0/1のビット計算の表現ならば0.5です。彼が3値論理を考えついたのは、未来の不確定性についての、アリストテレス研究の帰結でした（アリストテレスは早くも論理には第三の真理値が必要になると考えていました）。ウカシェヴィチは3値論理を考えた動機について次のように述べています[17]。

> 　私は、自分が来年のある時点、たとえば12月21日の正午に、ワルシャワにいることは、今日という日においては、肯定的にも否定的にもきまっていない、と矛盾なく考えることができる。したがって、私が所定の時刻にワルシャワにいるであろうということは、可能とはいえ、必然的ではない。かかる前提のもとで、「私は来年の12月21日の正午に、ワルシャワにいるだろう」という言明は、今日の日において、真でも偽でもありえない。……それゆえ、考察されている命題は、今日という日においては真でも偽でもなく、第3の、'0'ないし偽と、'1'ないし真とのいずれとも異なる値をとらなければならない。われわれはこの値を'1/2'と表すことができる。これはまさに「可能なもの」であり、第3の値として「偽」、「真」に匹敵するようになるのである。
> 　命題論理の3値の体系が成立したのは、以上のごとき思索を経てであった。

　未来は必然的ではなく可能的であり、現時点ではまだどういう帰結をたどるかは決まっていないのだ、というウカシェヴィチの信念が見てとれる文章です。決定論や運命論を決然として拒否する姿勢です。

　これに対して、古典論理からは未来は現時点においてすでに決まっているのだという反論があるでしょう。未来に何が起きるか、私たち人間にはわからない。しかしそのことを、未来に何が起きるかが**決まっていない**ということと混同してはならない、と。未

---

[16]https://mickindex.sakura.ne.jp/reichenbach/rcb_BRL_jp.html
[17]ウカシェヴィチ（坂井秀寿訳）「命題論理の多値の体系についての哲学的考察」『論理思想の革命——理性の分析』（東海大学出版会、1972）、p.159。なお、同書ではウカシェヴィチではなく、ルカシェーヴィッチと訳されている。

来はすでに確定しており、私たち人間はただ1つのレールの上を歩いているのであって、私たちが何かを選択したり、その選択に偶然が入り込んだりするのは錯覚にすぎない（前節COLUMNのラプラスの悪魔なら、そう言うはずです）。この立場によれば、排中律は文句なく認められます。

SQLの3値論理の体系

SQLは広く知られているように3値論理を採用しています。これはNULLを導入したことによって、第3の真理値unknownが発生することによるものです。SQLの基本的な論理演算の真理表を今一度確認しておきましょう。

表 01-05 ¬A

A	¬A
t	f
u	u
f	t

表 01-06 A∧B

AND	t	u	f
t	t	u	f
u	u	u	f
f	f	f	f

表 01-07 A∨B

OR	t	u	f
t	t	t	t
u	t	u	u
f	t	u	f

表 01-08 A⊃B

A＼B	t	u	f
t	t	u	f
u	t	**u**	u
f	t	t	t

この真理表の中で注目したいのは「A ⊃ B」の部分です。AとBの両方の真理値がunknownの場合、この真理表に従うとunknown ⊃ unknown = unknownとなるため、A ⊃ Aという2値論理ではトートロジーとなっていた論理式（同一律）がトートロジーになりません。実は、SQLが採用する3値論理の体系（論理学者クリーネ（Kleene）が考えたので、クリーネの3値論理と呼ばれます）では、**トートロジーになる論理式が1つもない**のです[18]。同一律のような基本的・普遍的にトートロジーと思われるような命題までもがトートロジーにならないというのは1つの驚きです。このことから、クリーネの3値論理というのは本当にまともな論理体系だろうか、何か現実離れした不健全な体系

---

[18]クリーネが3値論理を考え出した動機は、アルゴリズムの停止性を考える中で、帰納関数の「計算中」あるいは「未定義」を表現するためでした。この場合も、A ⊃ Aは「Aが計算中ならばAは計算中である」という意味になり、A ⊃ A = 真と考えても不自然なものではないと思います。

RDB・SQL の基礎 01

なのではないかと疑義をかけられることがあります。

　3値論理において真理値がunknownになる命題というと、たとえば「ジョンは明日の昼ご飯にチャーハンを食べる」が挙げられます。明日ジョンが昼ご飯に何を食べるかは、そのときになってみないとわかりません（ということにしておきます）。したがって、現時点では真理値はunknownです。この命題を原子式として使って同一律を作るとしたら、

　ジョンが明日の昼ご飯にチャーハンを食べるならば、ジョンは明日の昼ご飯にチャーハンを食べる

となります。いかがでしょう。皆さんはこの命題は真だと思うでしょうか。次の3択です。

1. 真である
2. わからない
3. 偽である

　まず常識的に3はないだろうと思われます。2の「わからない」というのが、SQLの論理体系の採用する答えです。しかし、これは少し違うのではないかという反論を受けることがしばしばあります。ジョンが明日の昼にチャーハンを食べることが決まっていないのならば、ジョンが明日の昼にチャーハンを食べるかどうかは不定である、というのは真であると考えるのは不自然ではありません。この立場に立って体系化したのが、先ほど3値論理の生みの親として紹介したウカシェヴィチです。彼による3値論理でのA⊃Bの真理表は以下のようになります。

表 01-09 A⊃B

A＼B	t	u	f
t	t	u	f
u	t	**t**	u
f	t	t	t

ウカシェヴィチの真理表

　この真理表に従えば、A⊃Aは**3値トートロジー**となります。ウカシェヴィチとしては、A⊃Aをトートロジーにするために、u⊃uをtとしたのだと思いますが、現実世界に照らし合わせても違和感のない付値です（ウカシェヴィチは、なぜA⊃Aをトートロジーにしたのかの理由は明確には語っていませんので、推測になりますが）。

49

多値論理の世界

　現在では3値論理にとどまらず、真理値の値をもう1つ増やした4値論理も考えられています。有名なものは米国の論理学者ベルナップが考えた体系で、true（真）、false（偽）に加えて、both（真かつ偽）、none（どちらでもない）の4値をとる体系が考えられています。また、リレーショナルデータベースの生みの親であるコッドも、SQLの論理体系として、true（真）、false（偽）、不明（unknown）、適用不能（inapplicable）の4値論理を考えていたことは、よく知られたエピソードです。では次に、この考えを極限まで一般化した無限多値論理を見てみたいと思います。これは純粋にオマケのトピックですが、きっと面白いと思います。

連鎖推論のパラドクス

　突然ですが、頭髪が0の人は禿頭でしょうか。まあ文句のつけようがなく禿頭でしょう。では、頭髪が100万本の人は禿頭でしょうか。まあ文句のつけようがなく禿頭ではないでしょう。この2つの命題について異論のある人はいないと思います。

　頭髪が0本の人は禿頭である …… （a）
　頭髪が100万本の人は禿頭ではない …… （b）

　ではここで、第3の命題を考えます。それは

　すべての自然数nについて、頭髪がn本の人が禿頭ならば、頭髪がn+1本の人も禿頭である　…… （c）

　どうでしょう。この文は真でしょうか。少し怪しい雰囲気が漂ってきた気もしますが、はっきりさせるために具体的に考えてみましょう。頭髪が0本の人は禿頭ですが、その人に1本毛が生えたら禿頭でなくなるでしょうか。それはないでしょう。では毛が1本しか生えていない人に、もう1本毛が生えて2本になったら禿頭でなくなるでしょうか。これもないでしょう。そう考えると、もう1本生えたら禿頭でなくなるという決定的な分水嶺となる特定のnが存在するということは、ありえないように思われます。では（c）も真であると認めましょう。

　すると、途端に困ったことが発生します。次のような帰納法を見てみましょう。

頭髪が0本の人は禿頭である		
頭髪が0本の人は禿頭である	ならば	頭髪が1本の人は禿頭である
頭髪が1本の人は禿頭である	ならば	頭髪が2本の人は禿頭である
・		・
・		・
・		・
頭髪が999999本の人は禿頭である	ならば	頭髪が1000000本の人は禿頭である

頭髪が1000000本の人は禿頭である

この結論は命題（b）と矛盾します。これが昔から**連鎖推論のパラドクス**（sorites paradox）と呼ばれてきたものです[19]。

無限多値論理

すでに皆さんお気づきのように、このペテンみたいな推論の問題点は「xは禿頭である」という述語が明確な定義を持たないファジーな述語、曖昧な述語であることに起因しています（述語とは何か、という話は次節で詳しくします）。それを無理やり2値原理を堅持する古典論理の中で考えたことで生じたひずみが、連鎖推論のパラドクスだったのです。このような述語の真理性は、0/1の2択ではなく、その間を緩やかに変化する数値によって表されるべきです。このような考え方に基づいて考え出されたのが、0から1の間のすべての実数を真理値として認める**無限多値論理**です。この論理においては、述語の真理値は0から1の間でグラデーションを描くように割り当てられます。

図 01-05 古典論理で連鎖推論を考えた場合の真理値

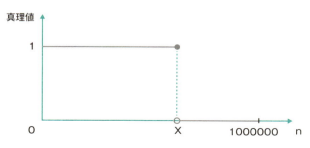

---

[19]このサンプルは次の書籍から借りました。戸田山和久『論理学をつくる』（名古屋大学出版会、2000）。

図 01-06 　無限多値論理で連鎖推論を考えた場合の真理値

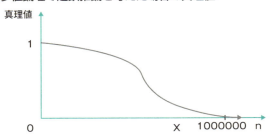

このように現代の論理学においては、真理値の数は3つや4つどころか無限個あると考える体系まで研究されているのです。無限多値論理は様々な領域に応用されており、身近なところではエアコンや炊飯器、洗濯機といった家電製品の制御に使われています。たとえば、エアコンの温度を検知する仕組みを考えると、下図のような関数の付値が考えられます[20]。

図 01-07 　ファジー論理：エアコンのファジー論理における真理値の割り当て

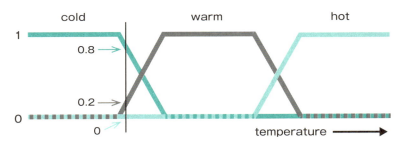

上図では、cold、warm、hotという関数で温度の値をマッピングしています。ある温度には各関数に対応した3つの真理値があると考えます。上図の縦線で示している温度を見てみると、3つの真理値 (0.8、0.2、0) が対応し、それらを解釈すると「かなり冷たい」(→)、「やや暖かい」(→)、「熱くない」(→) ということになります。こうした曖昧性を許した真理値によってエアコンの強さの制御を柔軟に行うことが可能になります。最近のエアコンは部屋の温度によってきめ細かに強さや冷房とドライの切替えなどを行うことで、電気代を抑えつつ人間が快適に過ごせるような高度な制御が行われていますが、その背景にはこうした**ファジー論理**の応用があるのです。

---

[20]https://ja.wikipedia.org/wiki/ファジィ論理

> **本節の参考文献**

本節は少し論理学の深奥をのぞき見る、ということをやってみました。難しいと感じた方もいるかもしれません。本節の理解を助けるために、3値論理を取り上げている論理学の教科書を挙げます。3値論理に興味が湧いた方は読んでみてください。3値論理は多値論理のほんの入り口にすぎず、4値論理以上を扱う——最終的には無限多値論理までいく——絢爛たる非古典論理の世界を垣間見ることができます。

- 戸田山和久『論理学をつくる』(名古屋大学出版会、2000)
- 大西琢朗『論理学』(昭和堂、2021)

達人への道

SQLでは3値論理が採用されている

本節では、排中律という古典論理の中で最もいかがわしいトートロジーを拒否した場合にどのような論理学が考えられるか、という観点から3値論理の体系について見てきました。3値論理は3値論理で、必ずしもすっきりした論理というわけではないのですが、SQLでは3値論理が採用されており、(かなりトリッキーな動きをするものの)曲がりなりにも実用に耐える論理であることが証明されています[21]。また3値論理を極限まで一般化した無限多値論理が、現代の様々な電子機器に応用されていることも見ました。真理値がたくさんあるという古典論理からは考えられない体系も、意外に実用の幅が広くて人気があるのです。

---

[21] 実はコッドは、3値論理はSQLにおいて致命的な欠陥 (Fatal Flaw) になると考えて、「これでは使い物にならない」とかなり悲観的になって悩んでいました。コッドがなぜそのように悩んでしまったか、という点に興味がある方は、拙著『達人に学ぶSQL徹底指南書 第2版』(翔泳社、2018) 第4章を参照してください。

COLUMN 直観主義論理 ― もう1つの非古典論理

多値論理と並んで有名な非古典論理に**直観主義論理**があります。非古典論理の中では、最も研究されているメジャーな論理体系です。20世紀前半に数学者ブラウワーやその弟子ハイティングによって創始されました。直観主義論理も排中律（A ∨ ¬ A）を認めない（トートロジーではないとみなす）のですが、全面的に認めないのではなく、ある種の命題に関して**部分的に認めない**という微妙な立場をとります。

どういうことかというと、たとえば、ある自然数Nが与えられたとき、それが素数であるか否かという問題を考えるとします。このとき、

Nは素数であるか、素数でないかのどちらかである

という排中律は、直観主義論理においても妥当であると認められます。理由は、ある整数Nが素数であるかどうかを判定するアルゴリズムが知られているからです。そのアルゴリズムは非常に簡単で、i = 2、3、……N - 1のいずれもNを割り切らないことを確かめる、という愚直なものです（もう少し高速化したアルゴリズムもありますが、発想は同じです）。Nが非常に大きくなって、人類がこれまで計算したことがないような巨大な数になったとしても、この計算を行うことで素数かどうかの判別はできます。このようなケースにおいて、直観主義論理は排中律を認めます。

一方で、まだ人類が証明を手に入れていないような命題に関する排中律を、直観主義論理は拒否します。たとえば、**ゴールドバッハの予想**として知られる以下のような命題が該当します。

すべての2よりも大きな偶数は2つの素数の和として表すことができる。このとき、2つの素数は同じであってもよい。

この予想は、今のところ非常に大きな数においても反例は見つかっていないのですが、すべてのケースについてカバーするような証明もまだ見つかっていません。さて、読者の皆さんはこのとき、「ゴールドバッハの予想は正しいか、正しくないかのどちらかだ」という排中律を真だと思うでしょうか？　もしそう思うならばあなたは古典論理の支持者です。そうではないならば非古典論理の支持者です。

古典論理の側は、こう考えます。

「命題の正しさを保証する証明がまだないとしても、その命題が真であるか否かはあらかじめ決まっている。ただその証明を人間が**知らない**だけだ。だから、その命題が真であるか否かもあらかじめ決まっている」

一方、直観主義論理の側はこう応じます。

「証明というのは**時間的**なものだ。ある命題の証明をまだ人間が知らないならば、その命題は真でも偽でもありえない」

ここで注目すべきは直観主義論理において、このような証明の知られてない命題でもし証明が得られたときには、その命題はそのとき初めて真となるということです。いわば、直観主義論理というのは**真理を時間の関数とみなす**論理なのです（直観主義論理が真理を時間化した論理だという観点は、大西琢朗『論理学』(昭和堂、2021) から教えられました）。少し表現を変えると、人間の認識の限界性を織り込んだ論理体系とも言えるでしょう。ただし、時々誤解されているのですが、直観主義論理は、多値論理ではありません。本節で見たように、3値論理ならばゴールドバッハの予想に対して第3の真理値「不明」を割り当てることで解決を図ります。直観主義論理では、ゴールドバッハの予想はそもそも2025年時点では真理値を持ちません。「真かもしれないし偽かもしれないが、どちらとも言いがたい」という宙に浮いた状態にあるとみなすのです。

直観主義論理はかなり風変わりだと思われたかもしれませんが、意外に計算機科学との相性が良く、20世紀後半の計算機科学の発展と相まって非常に注目を集めるようになった論理体系です。

さて、古典論理、3値論理、直観主義論理、皆さんはどれにシンパシーを覚えた（グッときた）でしょうか。

01-06

SQLにおける述語論理

　SQLの根幹をなしており、SQLの理解を深めることにつながる概念が述語（predicate）です。これは述語論理という論理学の一分野の道具で、変項に値をとることで真理値を返すような関数を指して使われます。この述語という道具は、特に言語分析において力を発揮するため、SQLのような英語に近い文法を持つ言語においては特に相性が良いのです。本節では述語論理のさわりを少しだけ紹介します。本節を読んだあとに02-01節と02-02節を読むと、より深くSQLを理解することができるようになります。

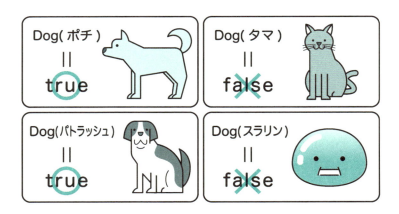

述語とは何か

　SQLには「述語（predicate）」という名前を持つ予約語が多く登場します。代表的な述語をリストアップしてみましょう。

RDB・SQL の基礎 01

- 比較述語（=、<>、> <）
- IN述語
- EXISTS述語
- LIKE述語
- BETWEEN述語
- IS NULL述語

　これらは述語と呼ばれるわけですが、この述語とは何でしょう。普段何気なくSQL の中で多用していながら、述語の定義を実はよく知らない、という人も少なくないはず です。もちろん、日本語文法の「主語／述語」の述語や、英語の動詞（verb）と同じ意 味ではありません。結論から言うと、SQLにおける述語とは述語論理（predicate logic）における述語のことであり、それはすなわち**関数**のことです。それもただの関 数ではありません。ただの関数なら COUNT や SUM と同じようにただ「関数」と呼べば済む 話で、わざわざ「述語」という特別なグループを作って関数と区別する必要はありませ ん。

　実は述語は、関数は関数でも、入力項に対して命題の真理値（true、false、unknown） を出力する特殊な関数のカテゴリです[22]。先ほどのリストアップした述語をよく見てく ださい。どの述語も戻り値は true、false、unknown の３種類以外にありえないという ことに気づくはずです（IS NULL と EXISTS だけは true と false のみを戻すのですが）。翻っ て、COUNT 関数の戻り値は0以上の整数です。つまり、戻り値に真理値を出力するか否 かが、ただの関数と述語を分かつ点なのです。C. J. デイトの『データベースシステム概 論』から引用します[23]。

> 　述語（predicate）は真理値をとる関数である。つまり、それは、ある適当な引 数が与えられれば、真か偽を返す関数である。例えば"＞"は述語である。"＞（x, y）"という式 ── 普通の書き方をすれば"x ＞ y" ── はもし x の値が y の 値より大きければ真を、そうでなければ偽を返す。

　本節ではSQLに応用されている述語論理の初歩を解説します。前節で命題論理を学 び、命題同士の結合操作については慣れたと思います。述語論理では、命題論理でAや Bという記号を代用して済ませていた命題の「中身」をのぞいていきます。

---

[22]unknown という真理値は、関係モデルが NULL の存在を許したことで3値論理を採用せざるをえなかったために持 ち込まれた第3の値です。そのため2値論理に基づく古典的な論理学では unknown が存在せず、真理値は true と false の2つのみです。
[23]C. J. デイト『データベースシステム概論 第6版』（丸善出版、1997）p.857

述語論理入門

① 述語と変項

　リレーショナルデータベースの創始者コッドは、関係モデルの基礎に述語論理を用いました。彼が関係モデル用に書き換えた述語論理を、関係論理 (relational logic) と呼びます。細かく言うと関係論理は、コッドが考えたタプル関係論理と、のちにラクロアとピロッテによって提案されるドメイン関係論理の2種類があります。しかしどちらも同じ記述力を持つので、あまり違いを気にする必要はありません。

　ただし、述語論理という論理体系自体はコッドの発明ではありません。創始者はドイツの哲学者ゴットロープ・フレーゲ (1848-1925) です。彼の処女作『概念記法』(1879年) において史上初の (一階) 述語論理が提唱されました。これは論理学と哲学に革命をもたらした発明だったのですが、そちらの話は本節ではしません。フレーゲの理論については、**02-01節**や**02-02節**で詳しく論じるので、そこまで楽しみにしていてください。

　まずは命題を述語と変項に分解します。例として「ポチは犬である」という命題をとりましょう。どうやるかというと、固有名「ポチ」の部分を空欄で置き換えます。すると、

　　「□は犬である」

という文……のようなものができます。この不完全な文が「**述語 (predicate)**」です。空欄の部分は「**変項 (variable)**」と呼ばれます。普通、x、y、z……などの小文字のアルファベットで表し、「xは犬である」のように書きます。当たり前ですが、「xは犬である」という文は、これだけでは真偽を判定できません。命題ですらありません。変項xに「ポチ」や「パトラッシュ」のような固有名を代入することで、真偽判定可能な命題となります。それゆえ、この「xは犬である」という述語は、対象から真偽への関数としてみなすことが可能です。「xは犬である」という関数は、「ポチ」という対象に対してtrue、「タマ」という対象 (猫だと仮定しましょう) に対してはfalseを出力するのです。ここは重要なポイントなのでよく理解してください。「命題を述語と変項に分解する」というフレーゲのアイデアが革命的だった点は、文の構造に**関数論的アプローチ**を持ち込んだことだったのです。まだイメージが湧かないという方のために、「xは犬である」という関数をもっと数学らしい記述で表現してみましょう。

　　Dog(x)

　あら不思議、こう書くと多少は関数のような気がしてきます。変項xにペットの名前を代入して、命題を作ってみてください。

Dog(ポチ) = true
Dog(パトラッシュ) = true
Dog(タマ) = false
Dog(ミケ) = false

　ここまでくれば、変項とは数学の関数における「変数」に対応する用語だということも理解されたでしょう。変数には数しか代入できませんが、変項には数以外の要素も代入できるので、変"数"ではなく変"項"という言葉が使われています。さらに、このDog関数を論理学の一般的な表記方法で書いてみます。数学の表記とあまり変わりませんが、「Dx」と書きます。関数名はアルファベットの大文字1字、括弧は省略されます。
　では次へ進みましょう。「xは犬である」という関数では、変項はxの1個だけでした。ですが変項の数はいくら増やしてもかまいません。たとえば、2変項の関数として「xはyを愛する」「aはbの親である」といったものが挙げられます。数学的表記なら、Love(x, y)、Parent(a, b)、論理学的表記ならLxy、Pabという具合です。1変項関数の述語は1項述語と呼ばれ、2変項ならば2項述語、一般にn変項ならn項述語と呼ばれます。1項述語は別名、非関係述語、多項述語は**関係述語**とも呼ばれます。多項述語が、個体間の関係を表現する述語であることからきた呼び名です。英語の他動詞は関係述語に、自動詞は非関係述語に、それぞれ含まれます。

② 量化子
　実際にSQLの様々な述語を述語論理の立場から調べましょう。まず表記を変えてみると次のようになります。

表 01-10 SQLの述語

SQLの表記	数学の表記	論理学の表記	変項の数
x = y	Identfy(x, y)	Ixy	2
x > y	Greater(x, y)	Gxy	2
x LIKE y	Like(x, y)	Lxy	2
x BETWEEN y AND z	Between(x, y, z)	Bxyz	3
x IS NULL	Isnull(x)	Nx	1

　いい感じです。ここまでなら単純な関数だけでSQLの述語を表現できます。でもお気づきでしょう。そう、**EXISTS**述語と**IN**述語がありません。この2つの述語を表現するためには、前節で紹介した関数の一般形式では能力不足なのです。具体例を使って説明しましょう。次のクエリは、社員テーブルから有名人と同じ誕生日の社員の名前をす

べて選択します。

社員テーブル　　：Personnel
有名人テーブル　：Celebrities

> **1.EXISTS 述語を使った場合**

```
SELECT  P1.name
   FROM  Personnel AS P
 WHERE  EXISTS ( SELECT *
                   FROM Celebrities C
                  WHERE P.birthday = C.birthday);
```

> **2.IN 述語を使った場合**

```
SELECT name
   FROM Personnel
 WHERE birthday IN ( SELECT birthday
                       FROM Celebrities);
```

　このEXISTSやINによって表現されている意味は「社員xと同じ誕生日の有名人が、**少なくとも1人**存在する」です。「xとyの誕生日が一致する」という2項述語では、この意味を表現できません。素朴に考えると

　Pxy

とでも表したくなりますが、これは間違いです。Pxyは「xとyの誕生日が一致する」という意味にしかなりません。「少なくとも1人」という数量の含意が表現されていないのです。どうすればよいのでしょう？ 心配には及びません。述語論理にはこういう表現を作るための道具立てもちゃんと用意されています。それが「**量化子**」です（限量子、数量詞という呼び名もあります）。

　量化子には2種類の記号があります。「すべてのxについて〜」を表す「∀」と、「〜を満たすxが存在する」を表す「∃」という記号です。量化子は次のように書きます。

「あらゆるxについて〜」∀x 全称量化子または普遍量化子 (universal quantifier)
「 〜を満たすxが存在する」∃x 存在量化子 (existential quantifier)

　妙な形をした記号だと思うかもしれませんが、全称量化子はアルファベットの「A」

を上下逆にした形、存在量化子は「E」を左右逆にした形です。「あらゆる x について～」を英語で書くと「for All x, ～」、「～を満たす x が存在する」は「there Exists x that ～」と書くため、このような記号が採用されました。また存在量化子の「～を満たす x が存在する」は、「～を満たす x が少なくとも1つ存在する」と読み替えてもかまいません。

すると、先に述べたように SQL の EXISTS 述語は、存在量化子を使って次のように書けます。

∃yPxy …… 「x と誕生日が等しくなるような y が（少なくとも1人）存在する」

これでフレーゲも満足するに違いありません。ところで、ここで注意してほしい重要なポイントがあります。「∃yPxy」という命題関数はいくつの変項を含むでしょうか？ 多くの人が「x と y の2つを含む」と思うのではないでしょうか。しかし、それは間違いです。この命題関数は x のみを変項として持つ、1変項関数です。量化子によって量化されている y は、もはや変項ではないのです。こういう量化された変項を「**束縛変項**」、そうでない変項を「**自由変項**」と呼びます。束縛変項は名前だけの変項で、実質的には変項ではありません。

したがって、Fx は述語ですが、∀xFx は述語ではなく、命題です。Fx は、x に代入される固有名に応じて真理値が決まりますが、∀xFx はこの式だけで真理値が決まります。「x は泳げる」という命題関数の真理値は、x が直子だったり緑だったりシンジだったりによって異なりますが、「すべての x は泳げる」という命題の真理値は、x に代入される名前の範囲が人間であれば false に決まります（カナヅチがこの世に存在するかぎりこの命題は false ですから）。つまり、∀xFx の束縛変項 x には、いわばすべての固有名が代入済みの形になっているのです [24]。

③ WHERE 句を述語論理の視点から見る

ここまでで述語論理の基礎を簡単に解説しました。繰り返すと、

- **命題を述語と変項に分解する**
- **「すべての x について～」「～を満たす x が存在する」を意味する量化子を導入する**

この2つが述語論理の根幹でした。ここでは SQL の WHERE 句を述語論理的に表現

---

[24] 実際のところ、代入される対象の数が有限の場合は、どれだけ長くなろうと、∀xFx は「Fa ∧ Fb ∧ Fc ∧ ……」、∃xFx は「Fa ∨ Fb ∨ Fc ∨ ……」という、命題論理の連言、選言の論理式と同値です。そして、データベースのテーブルは有限の行数しか持たないのだから、その意味ではリレーショナルデータベースの論理は命題論理の範囲内に収まるということができます。量化子が不可欠になるのは、対象の領域が無限集合になる場合、または多重量化文を表現する場合です。もっとも、量化子を使った表現が簡潔で便利なのも間違いないので、データベースの議論でも一般的に使われます。

してみます。たとえば次のようなSQLを考えます。

```
SELECT  name
  FROM  Personnel AS P
 WHERE  sex = 'male'
   AND  emp_id > 5000
   AND  birth_year BETWEEN 1970 AND 1980
   AND  EXISTS ( SELECT *
                   FROM Celebrities AS C
                  WHERE P.birthday = C.birthday);
```

このSQLの意味を日本語で表現すると、

名前を従業員テーブルから選択せよ。その条件は
　　　性別が男性である
　　　かつ　　従業員 ID が5000より大きい
　　　かつ　　生年が1970から1980の間である
　　　かつ　　有名人の少なくとも1人と誕生日が一致する

となります。それではこのSQLを述語論理的に表現してみましょう。わかりやすいように関数は数学的表記を使います。

```
SELECT  name
  FROM  Personnel AS P
 WHERE  Identify(sex, 'male')
   AND  Greater(emp_id, 5000)
   AND  Between(birth_year, 1970, 1980)
   AND  ∃C.birthday(Identfy(P.birthday, C.birthday));
```

　このように書くと、WHERE句は述語に値を代入することで作られた命題を、AND、OR、NOTの3つの結合子によって結合することによって構成されていることがわかります。あとはテーブルを1行ずつ見ていき、各行の性別や誕生日の値を当てはめれば、完全に命題を連結した条件句の出来上がりです。どうでしょう。SQLを述語論理的に（＝関数的に）眺められるようになったでしょうか。

　なお、この述語的なSQLの表現を見て、「述語というのは真理値ではなく、**命題を戻り値として**返しているのではないか」と思った方もいるかもしれません。これはなかな

か鋭いところを突いた疑問です。実際、そのように考える哲学者 (たとえばウィトゲンシュタイン) もおり、そこは2つの意見がありますが、SQLの文脈で考えるかぎり、それほど大きな違いではありません。

達人への道

述語論理のキモは述語と量化子

本節では、述語論理のさわりを学びました。その発想のエッセンスは、命題を述語という関数とそこに代入される変項の2つの要素に分解することにありました。これによって、命題論理では不可能だった命題の中身に踏み込んだ分析が可能となります。また、量化子の概念を導入することで「すべての」と「存在する」という数量に関わる概念を扱うことが可能になりました。これが現代のスタンダードな論理学であり、SQLの強力な表現力を支えています。

01-07 SQLにおける量化の謎 ー「すべての」と「存在する」の不思議な関係

　SQLにはEXISTSという一風変わった述語が存在します。述語論理の存在量化子（∃）を実装したもので、通常、相関サブクエリを引数にとって（すなわち複数行を入力にとって）条件に合致する行が少なくとも1行存在するかを判定する述語です。使い方としては、どちらかというと素直に行の存在をチェックするというより、NOT EXISTSという否定形の形で条件に合致する行が1行も「存在しない」ことを判定するために使います。その理由は、これが「すべての」という全称命題の二重否定による書き換えとして利用できるからです。SQLはなぜか全称量化子（∀）を実装しなかったため、NOT EXISTSによって代用するしかないのです。

〃
　　これらのことから、形式言語ではEXISTSとFORALLの両方を明示的に
　サポートする必要がないことがわかる。だが、現実的には、両方をサポート
　していることが非常に望ましい。なぜなら、EXISTSで表すほうが「自然な」
　問題と、FORALLで表すほうが「自然な」問題があるからだ。たとえば、
　SQLはEXISTSをサポートするが、FORALLをサポートしない。結果として、
　SQLで表現しようとすると非常にやっかいなクエリが存在する。
　　　　　　　　　　　　　　　　　　　　　　　　　　　　　　　　〃
[出典] C. J. Date『データベース実践講義』（オライリー・ジャパン、2006）p.205

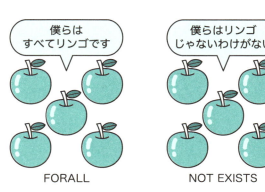

Q.「なぜSQLには存在量化子しかないのですか？」

SQLには、EXISTS述語という特別な述語が存在します。なぜこれが特別かというと、他の述語が1行のレコードの値にしか適用されないのに対して、このEXISTS述語だけが複数の行集合を引数にとるからです。

図 01-08　EXISTS述語の引数

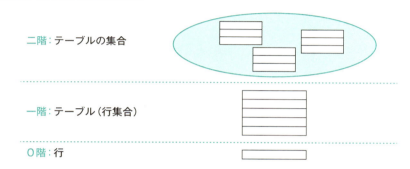

他の述語が1行を入力にとるのに対して、EXISTSだけは複数行を引数にとる

この性質から、EXISTS述語は「二階の（second-ordered）」述語と呼ばれます（この点については02-02節でその哲学的背景を取り上げます）。これは述語論理の存在量化子（existential quantifier）を実装したもので、述語論理では∃という英語のEを左右反転させた記号で表します。「～のようなxが存在する」という文を英語では「there Exists x that ～」と表現することからきた記号です。たとえば「xは犬である」という述語Dog(x)があるとすると、「少なくとも1匹の犬であるxが存在する」という文（命題）は次のように表せます。

$$\exists x Dog(x)$$

ここまでは特に問題ありません。問題が出てくるのはここからです。冒頭のデイトの引用文にもある通り、SQLはEXISTSはサポートしているのですが、もう一方の量化子である**全称量化子をサポートしなかった**のです。ここが本節の核心に関わる重要なポイントです。全称量化子は「すべてのxについて～である」という条件を表す述語であり、述語論理では∀という英語のAを上下反転させた記号で表します。たとえば、「xはリンゴである」という述語Apple(x)があるとすると、「すべてのxはリンゴである」という命題は次のように表せます。

∀xApple(x)

　これらの量化子は、互いに組み合わせることでより複雑な命題を表せる非常に強力な
ツールですが（多重量化と呼びます）、SQLにおいて多重量化を使用することはまずな
いので割愛します。

A.「なくても（一応）困らないからです」

　さて、SQLが存在量化だけしかサポートしていないと何か困るのでしょうか。実は
SQLという言語の表現力にとって、困ることは何もありません。なぜかというと、存
在量化子と全称量化子は、一方を使ってもう一方を書き換えられることが知られている
からです。具体的には次のような同値変換が可能です（ド・モルガンの法則）。

　∀xF(x) = ¬∃x¬F(x)
　……すべてのxについてF(x)が成り立つ = F(x)が成り立たないxが存在しない
　∃xF(x) = ¬∀x¬F(x)
　……F(x)を満たすxが存在する = すべてのxがF(x)を満たさないわけではない

サンプルで考えてみる ― 素数の探索

　つまり、SQLで全称命題を表現したかったら、¬∃x¬F(x)という二重否定の形に書き
換えてやればいいのです。サンプルとして、素数を求めるクエリを考えてみましょう。
素数は無限にあるので、ここでは99以下の素数に限定します。素数の定義は「1とその
数以外に正の約数を持たない」1よりも大きな自然数です。1～99までの数を持つ
Numbersテーブルを用意しておきます。

表01-11 Numbersテーブル（1から99までの自然数を格納したテーブル）

num
1
2
3
⋮
99

RDB・SQL の基礎 01

> **1 ～ 99 までの自然数テーブルを準備する**

```
CREATE TABLE Digits
  (digit INTEGER PRIMARY KEY);

INSERT INTO Digits VALUES (0), (1), (2), (3), (4), (5), (6), (7), (8), (9);

CREATE TABLE Numbers
AS
SELECT D1.digit + (D2.digit * 10) AS num
  FROM Digits D1 CROSS JOIN Digits D2
 WHERE D1.digit + (D2.digit * 10) BETWEEN 1 AND 99;
```

※上記コードの INSERT 文の記法は Oracle Database では 23ai 以降で対応しています。

　このテーブルから素数を求めるにはどのようにすればよいでしょうか。問題を解くには 2 つの関門があります。第 1 関門は、素数の定義が全称命題であることを見抜くことです。気づいたでしょうか。素数の定義は「1 とその数以外の**すべての**数で割ったときに割り切れない」と全称量化文で書き直すことができます。そうと決まれば、次は第 2 関門の同値変換です。これを二重否定でひっくり返して

　1 とその数以外に割り切れる自然数が**存在しない**

と読み替えてやればよいのです。そうすると NOT EXISTS によって次のように書くことができます。

> **素数を求めるクエリ**

```
-- NOT EXISTSで全称量化を表現
SELECT num AS prime
  FROM Numbers Dividend
 WHERE num > 1
   AND NOT EXISTS
        (SELECT *
           FROM Numbers Divisor
          WHERE Divisor.num <= Dividend.num / 2
            AND Divisor.num <> 1 -- 1 は約数に含まない
            AND MOD(Dividend.num, Divisor.num) = 0) -- 割り切れる
 ORDER BY prime;
```

67

```
クエリの結果

 prime

-------

      2
      3
      5
      7
     11
      .
      .
      .
     83
     89
     97
```

それでも残る疑問

さて、これで問題も解けたし一件落着めでたしめでたし……となればいいのですが、そうは問屋が卸しません。何か問題が残っているのかって？　まあ残っていると言えば残っているし、残っていないと言えば残っていない。これで納得してくれた人には、この話はここまでで終わりなのですが、おそらく大半の人はこう思ったのではないでしょうか。

全称量化と存在量化の同値変換、難しくないか？

これは人によって感じ方に差が激しいのですが、著者の周囲で見ると10人中8人にはこの二重否定による書き換えはわかりにくくて不評です。はっきり言ってこの原因は、SQLがなぜか全称量化子に相当する述語**FORALL**をサポートしなかったことに起因しています。なぜここで手を抜いてしまったのか。冒頭で引用したように、デイトも苦言を呈していますが、全称量化文として条件を書いたほうがわかりやすいケースは非常に多いのです。たとえば、**01-03節**でも見た次のような例題を再度考えてみましょう。

【問題（再掲）】
以下の部署テーブル（Departments）から、課のセキュリティチェックがすべて終わっている（check_flagがすべて「完了」）部署を選択したい。

RDB・SQL の基礎 01

テーブル定義：部署テーブル

```
CREATE TABLE Departments
(department   CHAR(16) NOT NULL,
 division     CHAR(16) NOT NULL,
 check_flag       CHAR(8)  NOT NULL,
    CONSTRAINT pk_Departments PRIMARY KEY (department, division));
```

Departments：部署テーブル
department：部署名、division：課名、check_flag：チェックフラグ

表 01-12　Departments（部署テーブル）

department（部署名）	division（課名）	check_flag（チェックフラグ）
営業部	一課	完了
営業部	二課	完了
営業部	三課	未完
研究開発部	基礎理論課	完了
研究開発部	応用技術課	完了
総務部	一課	完了
人事部	採用課	未完

求める結果

```
department
----------
研究開発部
総務部
```

　この問題は「すべて」という単語が入っていることからわかるように、全称量化命題です。したがって、これを存在量化で解こうとすると、二重否定を使って

　セキュリティチェックが終わっていない課が**存在しない**部署を選択する

という問題へ読み替える必要があります。これを NOT EXISTS で書くと次のようになります。

69

> **二重否定による解**
> ```sql
> SELECT DISTINCT department
>   FROM Departments D1
>  WHERE NOT EXISTS
>         (SELECT *
>            FROM Departments D2
>           WHERE D1.department = D2.department
>             AND D2.check_flag <> '完了');
> ```

　どうでしょう。すんなり解けたでしょうか。著者自身、この解法はわかりにくいと思います。もし仮にSQLにFORALL述語が存在したならば、次のように書くことができるはずなのです。

> **FORALLによる解（※どのDBMSでも動きません）**
> ```sql
> SELECT DISTINCT department
>   FROM Departments D1
>  WHERE FORALL
>         (SELECT *
>            FROM Departments D2
>           WHERE D1.department = D2.department
>             AND D2.check_flag = '完了');
> ```

　いかがでしょう。このほうがずっと「素直」な表現になっていると思わないでしょうか。FORALL述語、欲しくなりませんか。著者は今からでも遅くはないので、SQLは全称量化をサポートするべきだと思います。

　実は現在のSQLでも、この問題を全称量化のまま解く手段は用意されています。方法は2つ、HAVING句を使った解とウィンドウ関数を使った解です。HAVING句の解法は**01-03節**でも見たので、まずはウィンドウ関数を使った解法をお見せしましょう。

> **ウィンドウ関数を使った全称量化による解**
> ```sql
> SELECT  department, division, check_flag
>   FROM (SELECT department, division, check_flag,
>                SUM(CASE WHEN check_flag = '完了'
>                         THEN 1 ELSE 0 END) OVER DPT completed_cnt,
>                COUNT(*) OVER DPT all_cnt
>           FROM Departments
> ```

```
                    WINDOW DPT AS (PARTITION BY department)) TMP
  WHERE completed_cnt = all_cnt;
```

ウィンドウ関数SUMの中のCASE式は、check_flagが完了していれば1を返すため、それを数えた行数がCOUNT(*)の行数と一致すれば、すべての課についてチェック完了ということがわかるという仕組みです。サブクエリを1段かまさないといけないのが若干面倒に思うかもしれませんが、コードの見通しが悪いというほどではありません。

HAVING句を使う場合も、次のようにCASE式と組み合わせて使います。

┌─ **HAVING 句を使った全称量化による解** ─┐
```
SELECT department
  FROM Departments
 GROUP BY department
HAVING COUNT(*) = SUM(CASE WHEN check_flag = '完了'
                           THEN 1 ELSE 0 END);
```

こちらのコードのほうがすっきりしています。HAVING句のCASE式も、check_flagが完了していれば1を返すため、それを数えた行数がCOUNT(*)の行数と一致すれば、すべての課についてチェック完了ということがわかるという仕組みです。HAVING句の右辺は0か1をカウントアップしていくため、SUM関数を使うことに気をつけてください。ここでCOUNT関数を使うと全件取得になってしまいます。

実はこれと同じやり方で、先ほどの素数も求めることができるのです。次のように書きます。

┌─ **HAVING 句で素数を求める** ─┐
```
SELECT Dividend.num AS prime
  FROM Numbers Dividend
       INNER JOIN Numbers Divisor
          ON Divisor.num <= Dividend.num / 2
 WHERE Dividend.num > 1
 GROUP BY Dividend.num
HAVING 1 = SUM(CASE WHEN MOD(Dividend.num, Divisor.num) = 0 THEN 1
                    ELSE 0 END)
 ORDER BY prime;
```

ここでも、割り切れなかった場合にビットフラグ1を立てて、すべての除数について

1が立てばそのレコードを取得する、という処理を記述しています。ウィンドウ関数を使って素数を求めることもできますが、これは読者の皆さんへの宿題にしておきましょう。

　いかがでしょう。NOT EXISTSに比べたら、まだHAVING句とウィンドウ関数のほうが、ずっと素直でわかりやすい記述になっていると思いませんか？　繰り返しますが、**SQLは今からでも遅くはないので全称量化子の述語FORALLを導入するべき**だと思います。きっと世界中のDBエンジニアがもろ手を挙げて歓迎するでしょう。

　SQLに全称量化を！

達人への道
全称量化の解法

SQLは最初に考えられたときに存在量化子のEXISTS述語しか導入しなかったため、全称量化で表現したほうが素直な命題まで存在量化の二重否定という同値変換をかまさなければ記述できない言語になってしまいました。こんなにもわかりにくい書き方をするくらいなら、いっそのことHAVING句やウィンドウ関数で全称量化の形で書くほうが、よっぽどわかりやすいというものです。

なぜSQLが全称量化子を導入しなかったのかは、歴史の謎としか言いようがありません（チェンバリンはまだ存命なので聞いてみたいくらいです）。しかしそのせいで**片方の車輪がない言語**になってしまったことは事実です。皆さんも全称量化の問題に遭遇したときは、全称量化子が実装されるその日までは、仕方ないのでHAVING句かウィンドウ関数を使って解きましょう。NOT EXISTSで解いても別に悪いことはないのですが、コードの可読性の観点からあまり推奨しません。全員が全員、あなたほど頭が切れるわけではないのです。

01-08 位置による呼び出しと名前による呼び出し

　SQLには、SELECT句に記述した列の順番の列番号を、ORDER BY句に書くことができる機能があります。タイプ数が減るためこの書き方を好んで利用するユーザもいます。しかし、この機能はすでに標準SQLから廃止されているため、極力使うべきではありません。なぜこの機能が嫌われたのでしょうか？ そこにはSQLの設計思想とC言語などのプログラミング言語が持つ思想との大きな違いがあります。

ORDER BY 句の列番号が廃止されたワケ

　よく知られたワンポイント・テクニックですが、SQLでは次のようにORDER BY句でSELECTにおける出現位置に対応した列番号を指定することができます。

ORDER BY 句で位置番号を指定するサンプル
```
SELECT col_1, col_2
  FROM SomeTable
 ORDER BY 1, 2;
```

　この書き方はキータイプ数が少なく、わざわざ長い列名を書く必要がないため、しばしば開発現場で利用されています。たしかに使い捨てのアドホックなクエリにおいて使う分には便利で害のない書き方なのですが、これをシステムの一部に組み込むSQL文

で使用することは推奨できません。この書き方はSQL-92で「将来廃止されるべき機能」として挙げられ、のちに廃止されたためです。そのため、この機能は将来的にDBMSからも削除される可能性があり、開発において使うべきではないのです（幸い、というべきか、2025年現在のところ、まだこの記法をエラーとするDBMSはありません）。

この機能を使うべきでない理由はもう1つあります。それは可読性が低いことです。サンプルに挙げたような3行程度のクエリならば問題ありませんが、何十行も続く長大なクエリではSELECT句とORDER BY句が離れすぎて可読性の低下につながります。MySQLのマニュアルには、はっきりとこの構文を用いてはならないと記述されています[25]。

> [ORDER BY句での] カラム位置の使用は、この構文がSQL標準から削除されたため非推奨です。

抽象度の問題

標準SQLは、この見ようによっては便利に見える機能を（一度は導入したにもかかわらず）なぜ削除したのでしょうか。それはSQLが極力「データの位置」という抽象度の低い表現を排除しようと努めてきた言語だからです。コッドはチューリング賞を受賞したときの記念講演で、この点について次のように述べています[26]。

> 計算機の番地ぎめでは、位置の概念がつねに重要な役割を果たしてきた。プラグ板の番地ぎめに始まって、絶対番地、相対番地、算術的な性質をもつ記号番地（アセンブリ言語における記号番地$A+3$やFortran、Algol、PL/Iの配列Xにおける要素の番地$X(I+1, J-1)$など）は、いずれもそうである。関係モデルでは、位置による番地ぎめを一切排して、完全に内容による番地ぎめを採用した。関係データベースでは、関係の名前、主キーの値、属性の名前を使って、いかなるデータでも一意に呼び出すことができる。こうした内容呼び出しが可能になると、利用者は次のことをシステムまかせにできるのである。(1) データベースに新しい情報を挿入するにあたって、どこに置くのかの詳細。(2) データ検索にあたって、適当な呼出し経路をきめること。もちろんこの利点は、末端利用者だけではなくて、プログラマに対しても成立する！

---

[25]MySQL 8.0 リファレンスマニュアル 13.2.10 SELECT ステートメント」：https://dev.mysql.com/doc/refman/8.0/ja/select.html

[26]エドガー F. コッド（赤摂也訳）「関係データベース：生産性向上のための実用的基盤」『ACM チューリング賞講演集』（共立出版、1989）、p.459

「番地（＝アドレス）」ということで、プログラミングにおいてポインタとして扱われるアドレスだけでなく、配列の添え字によるアクセス方法なども含まれていることに注意してください。コッドはそのようなデータ位置に束縛される表現全般を嫌いました（だからオリジナルの関係モデルには配列も登場しません。SQL:1999で配列型が追加されましたが、現在でもあまり積極的には利用されていません）。

このように、SQLというのは極力低レベルの位置表現を廃し、抽象度を高めようと努力してきた言語なのです。だったら最初からそんな機能を標準に入れるなよ、という意見もあると思います。これは著者もそう思いますが、まあ**一時の気の迷い**だったとしか言いようがありません。C言語やFortran全盛の時代には、まだSQLの目指す「高尚な」理念はそれほど広く理解されていなかったのです。

この一度は追放した「位置による呼び出し」を再び大々的に呼び起こしたモデリング技法に、「**入れ子集合モデル**」とその発展版の「**入れ子区間モデル**」があります。これらについては**03-05節**、**03-06節**で見ます。

配列型という黒歴史

先ほど配列型というデータ型の名前を出しましたが、これは今でも標準SQLに残っている機能で、SQLの「黒歴史」と言ってもいい汚点です。具体的なコード例をお見せすると、PostgreSQLでは次のように定義します。

配列型の定義（PostgreSQL）

```
CREATE TABLE EmpChildArray
(emp_id      CHAR(4)  PRIMARY KEY,
 emp_name    VARCHAR(16) NOT NULL,
 children    VARCHAR(16) ARRAY);

INSERT INTO EmpChildArray
  VALUES('0001', '熊田虎吉',    '{"熊田雄介", "熊田心美"}');
INSERT INTO EmpChildArray
  VALUES('0002', '青井慎吾',    '{"青井大地"}');
INSERT INTO EmpChildArray
  VALUES('0003', '新城菜々美', '{"新城康介", "新城徹", "新城大海"}');
INSERT INTO EmpChildArray
  VALUES('0004', '武田春樹',    '{}');
```

children列が配列型の列です。次のように配列として格納されていることがわかります。

配列型のテーブルからデータ取得（PostgreSQL）
```
SELECT * FROM EmpChildArray;
```

結果
```
emp_id |  emp_name  |          children
--------+------------+---------------------------
 001    | 熊田虎吉   | {熊田雄介,熊田心美}
 002    | 青井慎吾   | {青井大地}
 003    | 新城菜々美 | {新城康介,新城徹,新城大海}
 004    | 武田春樹   | {}
```

この配列型のchildren列では、配列らしく添え字によるアクセスも可能です。

配列型への添え字によるアクセス
```
SELECT emp_id, children[1]
  FROM EmpChildArray;
```

結果
```
emp_id | children
--------+----------
 0001   | 熊田雄介
 0002   | 青井大地
 0003   | 新城康介
 0004   |
```

いかがでしょう。ぱっと見て「ホスト言語とのやりとりがスムーズになって便利だな」と思った方もいるのではないでしょうか。実際、この配列型はホスト言語（Javaでも Pythonでも C言語でもいいのですが）とのデータのやりとりをする際、データベース側に配列を扱う機能がないのは不便だというユーザからの「強い要望」によって SQL:1999で標準入りが実現しました。しかし、その結果がどうだったかというと、**まったく使われなかった**のです。配列型をサポートしている DBMS も PostgreSQL や Oracle など一部にとどまるため、互換性もないという完全なアンチパターンになってしまいました。

SQLの黒歴史

　配列型からは、新機能を取り入れるに際して、マーケティングの結果などあまりあてにしてはならない、という教訓が得られます。昔、マクドナルドが顧客へのアンケート結果を基にヘルシー志向の「サラダマック」なる商品を販売したことがありますが、結果としては失敗に終わり、早々に姿を消しました。日本マクドナルドのCEOを務めた原田泳幸氏は次のように述べています[27]。

> リサーチをすると、「サラダを置いて欲しい」という声が必ず出てくるそうですが、実際には多く売れることはないそうです。多くの消費者は、マクドナルドにサラダを期待しているわけではないからです。

　配列型にもサラダマックに似たところがあります。2000年前後というのはオブジェクト指向の考え方がプログラミング業界を席巻しており、データベース側もオブジェクト指向言語に合わせていかなければ、という考え方が主流の時代でした。一種の流行りものだったのです。これからはデータベースも**オブジェクト・リレーショナルデータベース**を目指すんだ、という主張がよく聞かれたものですし、実際にOracle、Db2、PostgreSQLなどがその方向性を追求しようとしました。しかし、それから20余年が経過してわかったことは、「リレーショナルデータベースにオブジェクト指向はいらなかったな」というものです。大山鳴動して鼠一匹、とはこのことでしょう。

達人への道

SQLの抽象性

リレーショナルデータベースとSQLは、極めて抽象度の高いモデルおよび言語として設計されており、そのため列番号や配列の添え字によるデータアクセスという低次の概念とは極めて相性が悪くなっています（そのようなアクセス方法がないわけではないが、推奨されない）。とはいえ、RDB/SQLも時代の流行の影響をまったく受けないというわけにはいかず、一時の気の迷いのような機能が実装されることもあります。ユーザとしては「流行りだから」というだけでなく、じっくり吟味して採用するかどうかを検討する必要があります。

---

[27] 原田泳幸「マクドナルドの経営改革」: https://www.keiomcc.com/magazine/sekigaku115/

01-09

SQLにおける再帰の内側

　SQLには、SQL:1999で導入された再帰共通表式という強力な構文があり、すでに多くの実装で利用可能になっていますが、あまりその強力さが知られていません。動作が難しいのと、気をつけないと簡単に無限ループになってしまうという危険があるためです。再帰共通表式は、特に木構造を扱うときに重要になります。この再帰クエリは動作が少しわかりにくいので、中身の動作を1段ずつ実行して追っていってみましょう。

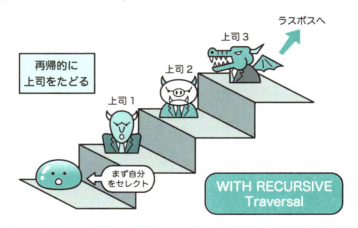

木構造を再帰クエリで解く

　私たちの住む世界は木構造であふれています。会社の組織図や家系図、製造業の部品表（BOM）が典型的です。チューニングの手段としてポピュラーなB-Treeも、当然ながら木構造です。この木構造というのは数学的に面白い性質がたくさんあるので、昔から数学者たちの興味の対象になってきました。SQLにおいても、この木構造を扱うアルゴリズムがいくつか存在します。本書では、主にポインタチェインをたどっていく再帰共通表式を使う隣接リストモデル（Adjacency List Model）と、木を入れ子集合と

みなす入れ子集合モデル（Nested Sets Model）を取り上げます。まず前者から見ていきたいと思います。再帰共通表式は、非常に柔軟で強力な表現力を持っているのですが、動作が若干イメージしにくいという点で敬遠されがちです。しかし、1段ずつ実行していけばそれほど難しいことはありません。

組織図の再帰クエリ

まずサンプルとして、次のような組織図の木構造を考えましょう。

図 01-09 木構造で表した家系図

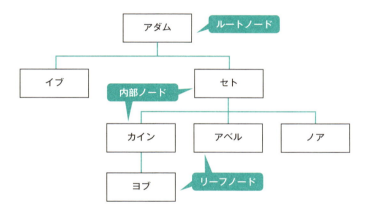

ルートノードというのは木の始点となるノードで、木に1つだけ存在します。リーフノードは木の終端に位置するノードで、このノードの下にはもう子ノードが存在しません。内部ノード（inner node）は、ルートノードでもリーフノードでもない中間的なノードです。この木構造を隣接リストモデルで表すと次のようになります。

隣接リストモデル
```
CREATE TABLE OrgChartAdjacency
 (emp  VARCHAR(32),
  boss VARCHAR(32),
    CONSTRAINT pk_OrgChartAdjacency PRIMARY KEY (emp),
    CONSTRAINT fk_OrgChartAdjacency FOREIGN KEY (boss)
      REFERENCES OrgChartAdjacency (emp));
```

表01-13 隣接リストモデルによる木構造の表現

emp(社員)	boss(上司)
アダム	
イブ	アダム
セト	アダム
カイン	セト
アベル	セト
ノア	セト
ヨブ	カイン

　ポイントは、外部結合のキーでboss列がemp列を自己テーブル参照していることです。これによって自分のbossが誰であるかが明示されるわけです。

ノードの深さを得るクエリ

　部下(emp)のノードが上司(boss)のノードを参照する形でポインタチェインを形成しています。このテーブルを前提とすると、ノードの深さを得るクエリは次のようになります(OracleとSQL Serverではエラーを避けるため1行目のRECURSIVEを削除してください。以下同様)。

再帰共通表式による木の深さの探索
```
WITH RECURSIVE Traversal (emp, boss, depth) AS
(SELECT O1.emp, O1.boss, 1 AS depth  /* 開始点となるクエリ */
    FROM OrgChartAdjacency O1
   WHERE boss IS NULL
 UNION ALL
 SELECT O2.emp, O2.boss, (T.depth + 1) AS depth  /* 再帰的に繰り返されるクエリ */
    FROM OrgChartAdjacency O2 INNER JOIN Traversal T
      ON T.emp = O2.boss)
SELECT emp, boss, depth
  FROM Traversal;
```

RDB・SQL の基礎 01

```
結果

 emp    | boss   | depth
--------+--------+-------
 アダム |        |   1
 イブ   | アダム |   2
 セト   | アダム |   2
 カイン | セト   |   3
 アベル | セト   |   3
 ノア   | セト   |   3
 ヨブ   | カイン |   4
```

クエリ内部の順を追ってみる①

　いきなりゴツイSQL文が出てきたなと思ったかもしれません。順を追って見ていきましょう。最初に実行されるのは、次のクエリです。

```
最初に実行されるクエリ

SELECT O1.emp, O1.boss, 1 AS depth /* 開始点となるクエリ */
  FROM OrgChartAdjacency O1
WHERE boss IS NULL;
```

```
結果

 emp    | boss | depth
--------+------+-------
 アダム |      |   1
```

　これは特に解説の必要はないでしょう。ルートノードのアダムを取得しています。これが1階層目のレコードです。

クエリ内部の順を追ってみる②

　次はUNION ALLの下段のクエリが実行されます。まず2階層目だけに限定して見てみましょう。

```
2階層目までに限定した再帰クエリ

WITH RECURSIVE Traversal (emp, boss, depth) AS
(SELECT O1.emp, O1.boss, 1 AS depth /* 開始点となるクエリ */
  FROM OrgChartAdjacency O1
```

81

```
  WHERE boss IS NULL
 UNION ALL
 SELECT O2.emp, O2.boss, (T.depth + 1) AS depth /* 再帰的に繰り返されるクエリ */
   FROM OrgChartAdjacency O2 INNER JOIN Traversal T
     ON T.emp = O2.boss
   WHERE T.depth < 2)
SELECT emp, boss, depth
  FROM Traversal;
```

結果

```
  emp   |  boss  | depth
--------+--------+-------
 アダム |        |   1
 イブ   | アダム |   2
 セト   | アダム |   2
```

　アダムとその直属の部下であるイブとセトが選択されました。UNION ALLの下部のクエリにおけるT.emp = O2.bossの条件によって、自分の上司をたどっているわけです。
　あとはこれの繰り返しです。3階層目までの社員は次のように取得できます。

3階層目だけに限定した再帰クエリ

```
WITH RECURSIVE Traversal (emp, boss, depth) AS
(SELECT O1.emp, O1.boss, 1 AS depth /* 開始点となるクエリ */
   FROM OrgChartAdjacency O1
  WHERE boss IS NULL
 UNION ALL
 SELECT O2.emp, O2.boss, (T.depth + 1) AS depth /* 再帰的に繰り返されるクエリ */
   FROM OrgChartAdjacency O2 INNER JOIN Traversal T
     ON T.emp = O2.boss
  WHERE T.depth < 3)
SELECT emp, boss, depth
  FROM Traversal;
```

結果

```
  emp   |  boss  | depth
--------+--------+-------
```

```
アダム    |          | 1
イブ      | アダム   | 2
セト      | アダム   | 2
カイン    | セト     | 3
アベル    | セト     | 3
ノア      | セト     | 3
```

このように段階的に実行してみると、何をやっているのか見通しが良くなったのではないでしょうか。あとは延々同じことの繰り返しです。こう考えると、実はこの組織図は次のように部下が上司を参照する→で表現するほうが適切だったのだ、ということもわかります。この矢印がDDLにおける外部キーによる参照を意味します。

図 01-10 部下から上司へのポインタチェイン

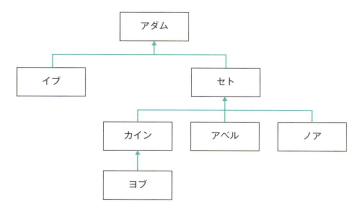

昔は隣接リストモデルはアンチパターンだった

実は、隣接リストモデルは長らくアンチパターンとされてきたモデルです。著者が新人だったときは、絶対に使ってはならないと戒められてきました。理由は、再帰共通表式が多くの実装でサポートされておらず、SQL文が非常に複雑でパフォーマンスも悪いものにならざるをえなかったからです[28]。しかし、SQL:1999で導入された再帰共通

---

[28] 今から覚える必要はないクエリなのでコードは掲載しませんが、具体的にどういうクエリか知りたい物好きな人は拙著『達人に学ぶ DB設計徹底指南書 第2版』(翔泳社、2024) 第9章を参照してください。

表式によってこのモデルは息を吹き返しました。現在はSQLで木構造を扱うときのファーストチョイスと呼んでいいでしょう。

達人への道

SQLの再帰共通表式で木構造を扱うコツ

本節では、木構造を扱うモデルとして隣接リストモデルと、それを基にした再帰共通表式のクエリを見てきました。隣接リストモデルは、木構造を扱うために考えられたモデルの中で最も古いものですが、長らくアンチパターンとされてきました。しかし、SQLの進化によって再帰共通表式がSQL:1999でサポートされたことによって、息を吹き返したモデルです。今後は木構造を扱うためのファーストチョイスになると言ってよいでしょう。

再帰共通表式は、初見だと何をやっているのかわかりにくいと思いますが、段階的に実行してみると内部動作がわかりやすくなります。構文のテンプレートがある程度決まっているので、慣れると機械的に扱えるようになります。

なお、リレーショナルデータベースで木構造を扱うモデルは、実は隣接リストモデル以外にもあります。**03-05節**、**03-06節**でそれを見ることになります。

01-10 ナチュラルキー vs サロゲートキー

ナチュラルキー vs サロゲートキーというのは、データベースの世界では終わりのない論争のテーマです。一方の極には、絶対にナチュラルキーを使うべきであって、サロゲートキーなど邪道だという意見があり、もう一方の極には、すべてのテーブルにサロゲートキーを割り振るべきだという意見があります。本節では、どのようなときにサロゲートキーを考慮するべきなのか、サロゲートキーの実装方法は何を選択するのがよいのか、論点を整理してみたいと思います。

データベース界の宗教戦争

ナチュラルキー vs サロゲートキーというのは、データベースの世界では決着を見ない宗教戦争の様相を呈しています。賢明な書き手ならば、こんなテーマには踏み込まないのが吉と理解しているのですが、ここは勇気を振り絞って、この問題に1つの回答を与えてみたいと思います。と言っても、最初に断っておくと最後まで読んでもあまりすっきりした回答は出てきません。それはベストプラクティスがシステムの性質によって変わるという、考えてみると当たり前の要素が絡んでくるからです。本節の目的は、むし

ろそのすっきりしなさを理解してもらうという、いささかメタ的なところにあります。

リレーショナルデータベースには重複行は許されない

原則として、リレーショナルデータベースのテーブルにおいて、重複行の存在、すなわち主キーを持たないテーブルは許されません。これにはいくつか理由があるのですが、もしこれを許してしまうと結合の際に行数が増幅してしまい、無駄に DISTINCT を使わねばならなかったり、ユーザに表示する結果が増殖してしまったりする問題があります。

原則その1：テーブルに重複行は許されない

このため、もし重複行が存在するテーブルを見つけたら、すぐに重複行を削除するDELETE文を実行してデータのクレンジングを行う必要があります[29]。そもそも、コッドの考えたリレーショナルモデルにおいて重複行は許されていません。これはコッドのモデルが集合論に基づいて作られたからです。しかし現実には、RDBは重複行を許してきました。したがって、ユーザの側が意識的に重複行を排除する必要があります。

重複行なんて普通に開発していたらそもそも発生するのか、という疑問を持つ方もいるかもしれません。それはとても幸せな人です。実際にはシステム開発を何年かやっていると、時折テーブルに主キーを設定できない業務要件に出くわします。たとえば、そもそも一意キーの存在しないデータとか、キーはあるもののサイクリックに使い回されるようなケースです。前者はジャーナルやログのようなデータにタイムスタンプが存在しなかったり、存在はしても粒度が分単位であるため重複行が発生したりするようなケースです。後者は何らかのコード（社員コードとか）がキーになっている場合に、一度削除されたレコードのコード値が使い回されるようなケースが該当します。データベースの使われていない紙で管理されていた業務や、単純なフラットファイルやCSVでデータのやりとりをしているような場合に、こうしたデータが発生しやすいです。

サロゲートキー

このようなケースにおいては、そのまま放置するのではなく、システム側で一意なキーを払い出してやる必要があります。このようなシステム側で払い出すキーを**サロゲートキー**（代理キー）と呼びます。

---

[29]重複行のデータ削除の具体的な SQL 文は拙著『達人に学ぶ SQL 徹底指南書 第2版』（翔泳社、2018）を参照。

原則その2：主キーが存在しないデータにはやむなくサロゲートキーを払い出す

　時折、元々主キーが存在するデータ（このような最初から存在するキーをナチュラルキーと呼びます）に対しても、とにかく一律にサロゲートキーを払い出すシステムを見かけますが、これは推奨できるやり方ではありません。理由は元々サロゲートキーは業務モデルの一部ではないため、そこに存在する必然性がなくモデルをわかりにくくしてしまうだけで、積極的なメリットがないからです。主キーから読み取られる**情報を隠匿**できるというメリットがあるのではないか、という反論があるかもしれませんが、サロゲートキーでも結局似たような問題が発生するので、これについては最後にまとめて考えます。もう少々辛抱してください。

実装依存の識別子は NG

　こうしたサロゲートキーを払い出そうとしたとき、安易に考えられる方法が実装依存の一意な識別子の利用です。代表的なものとしてはOracleの`ROWID`が挙げられます[30]。これは`AAAPecAAFAAAABSAAA`のような形式の値で、あらゆるテーブルが保持している疑似列です。SQL文の中であたかも主キーのように利用することができますが、Oracle社自身がアンチパターンとして`ROWID`を使わないように警告しています。

"
ROWIDをテーブルの主キーとして使用すべきではありません。たとえば、Importユーティリティやexportユーティリティを使用して行を削除し、再度挿入した場合、そのROWIDが変更される可能性があります。行を削除すると、Oracleはその行IDを後から挿入された新しい行に再割り当てする可能性があります。
"

原則その3：実装依存の行IDは使用しない

UUID は一考の余地あり

　近年、分散データベースの実用化が進んできたこともあり、中央集権的なコーディネーションがなくても一意に情報を識別できるようにという目的で、**UUID**（Universally Unique Identifier）というランダム性の高い識別子が標準化されています。2025年現

---

[30]PostgreSQLにもoid（オブジェクトID）という似通った機能がありますが、こちらももちろん主キーとしての利用は推奨できません。

在で8つのバージョンがありますが、よく利用されるのはバージョン4とバージョン7です。UUIDのサンプルを挙げると、「b06b71d7-036f-46f7-d11e-89409368e6df」のような数値と文字を組み合わせた形になります（このサンプルはバージョン4で生成しています）。

このうちバージョン4は乱数を用いて表現されるため、データの物理的な格納配置が分散されて、**パフォーマンス的に不利になる**という欠点を抱えています。バージョン7は分散システムのキーとして利用されることを想定して設計されており、時刻を用いているため時間順にソート可能であり、データベースの主キーとして利用した場合に時刻の近いデータを同じ物理的な位置に格納できる（局所性が高い）というパフォーマンス上のメリットを享受できます。このため、UUIDを利用する場合はバージョン7が望ましいでしょう。DBMSがバージョン4しかサポートしていなくてパフォーマンスをそれほど重視しないという場合は、バージョン4も有望です（というか、身も蓋もない話をすると、本書脱稿時点でv7のUUID生成をサポートしているDBMSはありません）。

原則その4：UUID v4とv7はサロゲートキーの選択肢になりうる

シーケンスオブジェクトと IDENTITY 列

UUIDはアプリケーション側で払い出すこともできますが、サロゲートキーがもし業務要件上必要になった場合、データベースの機能として推奨できる候補としては、シーケンスオブジェクトとIDENTITY列があります。MySQLは2025年現在でシーケンスオブジェクトをサポートしていないため、IDENTITY列のみが候補となります。これらの機能は排他制御や一意性の担保をデータベース側で自動で行ってくれるため、ユーザサイドは難しいことを気にする必要がなく、一意なキーとして利用することが可能になります。

J.セルコは、このようなデータベース側で用意されているシーケンス生成機能は、使うべきでないと警告しています[31]。

> こうした機能は、実装によって関数呼び出しであったり、列の属性だったりする。この機能もまた、非標準で、非リレーショナルで、実装依存という感心しない機能であるため、可能な限り使わないでほしい。

しかし、現在はシーケンスオブジェクトもIDENTITY列も標準SQLに取り入れられ

---

[31] J. セルコ（ミック監訳）『プログラマのためのSQL 第4版』（翔泳社、2013）p.52

ており（SQL:2003）、構文もそれほど方言が激しいというほどではないため、すべてのテーブルについて使用するというような濫用をしないかぎり、著者としては使ってもよいと考えています。

原則その5：データベースのシーケンス機能もサロゲートキーの選択肢になりうる

サロゲートキーはユーザが意識するべきか

原則として、サロゲートキーはユーザに見せるべきではありません。というのも、元々ビジネスモデルに存在しないキーであるため、これを見せられてもユーザにとってはチンプンカンプンだからです。UUIDなどは`d9f49fef-f4f3-4443-a89c-c49d831e2635`といった無味乾燥な文字列の羅列なので、これを見ても何の情報も得られません。あるいは、シーケンス機能で生成された連番をユーザに見せると、その連番の部分を場当たり的に変えることで、他のユーザの情報が得られてしまうという危険もあります（情報の秘匿性に反する）。この問題の源流にさかのぼると、そもそも**外部に公開したオープンなシステム**では、主キーであれサロゲートキーであれ、ユーザに見せること自体が悪手ということになります。反対に、社内でのみ使われる業務システムにおいては、むしろサロゲートキーを使うこと自体が邪道であり、ユーザに主キーを意識させて利用してもらうべきです。ここはそのシステムの性質によってベストプラクティスも変化します。いずれにせよ言えることは、次の通りです。

原則その6：サロゲートキーはユーザに見せるものではない

各DBMSのUUIDサポート

OracleはUUIDに対応する型を持っておらず、`VARCHAR2(36)`（32文字の16進数と4文字のハイフン）か`RAW(16)`（128bit）で扱うしかありません。UUIDを新たに払い出す`SYS_GUID()`関数が用意されています。

SQL Serverは`uniqueidentifier`型が用意されています。UUIDを新たに払い出すには`NEWID()`関数を使用します。

・**uniqueidentifier (Transact-SQL)**

https://learn.microsoft.com/ja-jp/sql/t-sql/data-types/uniqueidentifier-transact-sql?view=sql-server-ver16

MySQLではバイナリ型として保存して、UUID()で払い出し、BIN_TO_UUID()、UUID_TO_BIN()という変換関数を使用します。

- **MySQL 8.0 リファレンスマニュアル / 関数と演算子 / 12.24 その他の関数**
  https://dev.mysql.com/doc/refman/8.0/ja/miscellaneous-functions.html#function_bin-to-uuid

PostgreSQLではUUID型が用意されています。gen_random_uuid()関数でバージョン4のUUIDが払い出されます。

- **PostgreSQL 16.4文書 第8章 データ型 8.12. UUID型**
  https://www.postgresql.jp/document/16/html/datatype-uuid.html

Snowflakeでは、UUIDを新たに払い出すUUID_STRINGという関数が用意されています（引数なしで指定するとバージョン4のUUIDが生成される）。

- **関数およびストアドプロシージャリファレンス データ生成 UUID_STRING**
  https://docs.snowflake.com/ja/sql-reference/functions/uuid_string

Spannerでは主キーとしてUUIDバージョン4の文字列を自動的に生成する機能があります。

- **Google Cloud Spanner 主キーのデフォルト値管理**
  https://cloud.google.com/spanner/docs/primary-key-default-value?hl=ja

サロゲートキーはユーザに見せるものではない

本節ではナチュラルキーとサロゲートキーの論争（？）に終止符を打つことはおそらくできないのですが、少なくとも論点の整理くらいには貢献すべく、主キーの様々な実装方法を見てきました。その中でサロゲートキーの実装として有望なものに、UUIDのバージョン4、7と、シーケンスオブジェクトがあることを確認しました。いずれにせよ、サロゲートキーは業務モデルの一部ではないため、これを**ユーザに見せるものではない**という点はご理解いただければと思います。

01-11
データベースの2つのバッファ

　リレーショナルデータベースは、実装は違えども必ずREDOログバッファとデータキャッシュという2つのバッファを使用しています。2つともメモリ上に確保されるものの、その使い方やサイズは非常に対照的です。なぜ両者はこれほどまでに違うのか、その理由をデータベースの内部構造をのぞき見ることで理解します。そこにはリレーショナルデータベースが宿命的に抱える、ある問題が関連しているのです。

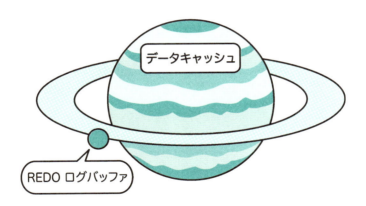

DBMS とバッファ

　DBMSはバッファという特別な用途に使うメモリ領域を確保します。そのメモリ領域の使い方を管理するモジュールがバッファマネージャです。ディスクの使い方を管理するディスク容量マネージャと連携しながら動きます。このメカニズムもまた、パフォーマンスにとっては非常に重要な役割を果たしています。それはメモリという希少資源に対してデータベースが保存するデータ量は圧倒的に多いため、どのようなデータ

をバッファに確保するべきかに対するトレードオフを発生させるからです[32]。具体的には、DBMSは次の2つのバッファ領域をメモリ上に持っています。

- データキャッシュ
- REDOログバッファ

あらゆるDBMSが、この2つに該当するメモリ領域を持っています（REDOログバッファというのはOracleでの呼び方なのですが、わかりやすいので本書では一般名として利用します）。またこれらのバッファは、ユーザが用途に応じてサイズを変えることもできます。これらのメモリサイズを決めるパラメータを、Oracle、PostgreSQL、MySQLを例に整理したので参考にしてください。

表 01-14 **DBMSのバッファメモリの制御パラメータ**

	項目	Oracle Database 23ai	PostgreSQL 17.1	MySQL 9.0
データキャッシュ	名称	データベースバッファキャッシュ	共有バッファ	バッファプール
	パラメータ	DB_CACHE_SIZE	shared_buffers	innodb_buffer_pool_size
	初期値	SGA_TARGETが設定されている場合：パラメータが指定されていない場合のデフォルト値は0（Oracle Databaseによって内部で決定される）SGA_TARGETが設定されていない場合：48MBまたは4MB×CPU数のいずれか大きいほう	128MB	128MB
	設定値の確認コマンド例	show sga	show shared_buffers;	SHOW VARIABLES LIKE 'innodb_buffer_pool_size';
	備考	SGA内部に確保される	—	InnoDBエンジン使用時のみ有効
ログバッファ	名称	REDOログバッファ	WALログバッファ	ログバッファ
	パラメータ	LOG_BUFFER	wal_buffers	innodb_log_buffer_size
	初期値	2MBから32MB。SGAサイズとCPU数に依存する（※）	4MB	16MB
	設定値の確認コマンド例	show sga	show wal_buffers;	SHOW VARIABLES LIKE 'innodb_log_buffer_size';
	備考	SGA内部に確保される	—	InnoDBエンジン使用時のみ有効

※著者の手元の環境では6MBだった

---

[32] メモリを大量に搭載してすべてのデータをメモリに保持することでこの問題を根本的に解決してしまおうという発想で作られたデータベースもあり、インメモリデータベースと呼ばれます。Oracle社のTimesTen In-Memory DatabaseやSAP社のHANA、Redisなどの製品があります。

RDB・SQL の基礎 **01**

バッファサイズの決め方

この2つのメモリはどのような方針に基づいて設定するのがよいのでしょうか？ 今はDBMSもだいぶ賢くなっているので自動的に（勝手に）決めてくれるケースもあるのですが、ここでは人間が割り当てを行う場合を考えましょう。

これに対する答えは、

データキャッシュは可能なかぎり大きく、REDOログバッファはゴミサイズでいい

というものです。実際、MySQLのマニュアルには以下のように記述されています[33]。

||

　バッファプールを大きくすると、*複数回の同じテーブルに対するディスクI/Oの*アクセスを減らすことができる。もしサーバがデータベース専用であるなら、バッファプールにマシンメモリの80%を割り当ててもいいかもしれない。

||

実にマシンの**8割**のメモリをデータキャッシュに使ってよいと示唆しているのです。それくらいデータキャッシュというのは大きくすることに意味があります。

つまり、「**REDOログバッファは非常に小さく、データキャッシュは非常に大きくすることが望ましい**」という非対称性がデータベースにはあるのです。これは一義的には扱う書き込みと読み込みで扱うデータ量の差に起因します。書き込みの場合は、DBMSが受け取るのは更新文のSQL文とどのデータをどう書き換えるかという小さな情報だけです。一方でデータキャッシュのほうは、乗せられるものならもうすべてのデータを乗せてしまいたいくらいです。この方向を突き詰めていくと、究極的にはテラバイトのオーダーまでデータキャッシュが膨らむことになります。

---

[33]「MySQL 8.4 Reference Manual 17.14 InnoDB Startup Options and System Variables」: https://dev.mysql.com/doc/refman/8.4/en/innodb-parameters.html、訳文は著者による。

図 01-11 2つのバッファ

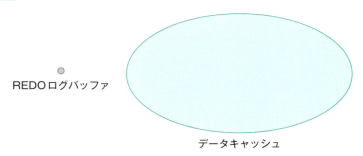

REDOログバッファとデータキャッシュは衛星と木星くらい差がある

バッファとキャッシュの違い

　本節ではこれまで「バッファ」という言葉と、「キャッシュ」というよく似た言葉を特に定義せずに使ってきました。Oracleなど「バッファキャッシュ」という2つを合体させた用語を使っています。何となく雰囲気で理解できる言葉なのであまり気にならなかったかもしれませんが、ここで定義を与えておきたいと思います。

　バッファというのは、緩衝材や余剰というニュアンスのある言葉です。読み込みでも書き込みでもこの言葉は利用されます。

　一方で、キャッシュというのもよく似た意味合いで使われるのですが、こちらは参照系（読み込み）の処理を高速化するための一時的なデータ保管エリア、という意味で使われるのが一般的です（ストレージの世界には「書き込みキャッシュ」という概念があるのですが、これはストレージというのは大量の書き込みが発生するものだからです）。キャッシュのヒット率は高ければ高いほど検索性能が良くなるため、理想値としては100%です。そこまで行くことは（インメモリデータベースを除けば）現実的には稀で、一般的なOLTP（オンライントランザクション処理）では可能なら95～99%、最低でも90%を維持するのがよいとされています（この数字は文献によって異なりますが、だいたい著者の体感としてはこのくらいが妥当かと思います）。

　2つに共通しているのは、どちらも媒体としてはメモリが使われているということです。これはデータの永続性を持たないということを意味します。DBMSに障害が発生して再起動が必要になった場合には、REDOログバッファもデータキャッシュもクリアされてしまいます。そのため、データキャッシュが空の状態だとすべてのデータをストレージへ取りに行く必要があり、再起動して最初のアクセス時に参照系のクエリが大きく遅延することになります。

REDOログバッファは何のためにあるのか

データキャッシュの用途は非常にわかりやすいものです。読み込みを速くするために高速なメモリへデータをあらかじめ展開しておくというのは、理解しやすい話だと思います。一方で、比較的小さなデータしか扱わない更新処理も直接ストレージへ書き込みに行くのではなく、REDOログバッファというメモリ上の領域でいったん受け取るのは、少し腑に落ちないかもしれません。なぜDBMSはわざわざ一度REDOログバッファでデータを受けているのでしょう。直接ストレージ上のREDOログファイルに書き込みに行ったほうが、処理がシンプルになってよいのではないでしょうか。これはもっともな疑問です。

図 01-12　REDOログ書き込みのタイミング

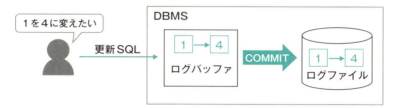

COMMIT時にメモリからディスクへ除法をコピーする

書き込み処理でもいきなりストレージへは書き込まない

この疑問に対する回答は、リレーショナルデータベースというのが基本的に書き込みの性能を向上させるのが非常に難しい、もう少し厳密に言うと**書き込みのスループットをスケールさせるのが非常に難しい**データベースだから、というものです。これは、特にリレーショナルデータベースの基本的なアーキテクチャが考えられたストレージが、非常に低速なハードディスクだった時代に顕著でした[34]。

リレーショナルデータベースにおいて、スケーラビリティを出すアーキテクチャ構成というのは基本的に2つしかありません。それが**シェアードエブリシング**方式と**リードレプリカ**方式です[35]。

---

[34] リレーショナルデータベースの書き込み性能が悪かった一因には、リレーショナルデータベースの躍進に大きな貢献を果たしたB-Treeインデックスの更新性能が悪かったというのもあります。これについては**02-06節**で検討します。

[35] **シェアードナッシング**という、ネットワーク以外のリソースをすべて分離してスケーラビリティを出す構成もあるのですが、基本的にDWH用途にしか使われないためここでは除外します。シェアードナッシング構成をとるデータベースとしては、Teradata、Snowflake、Amazon Redshift、Google BigQueryなどがあります。シェアードナッシング構成については**03-03節**で詳しく説明します。

図 01-13　スケーラビリティを出す2種類の構成

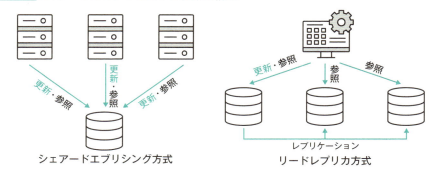

シェアードエブリシング方式　　　　　リードレプリカ方式

　シェアードエブリシング方式の代表例は、Oracle RAC（Real Application Clusters）のアーキテクチャです。ストレージのみを共有し、インスタンスノードを互いに分離する方式です。この構成においては、更新・参照ともにすべてのインスタンスノードで受け付けることが可能ですが、共有リソースとなっているストレージ部分がボトルネックとなって早晩スケーラビリティに限界を迎えます。

　リードレプリカ方式は、更新を受け付けられるノードはプライマリやマスタと呼ばれる1つだけで、残りのノードはレプリケートされたデータを参照するのみとなります。参照負荷が圧倒的に多いWebサービスで頻繁に利用されるアーキテクチャです。参照をスケールさせられるという大きなメリットがある反面、更新処理をプライマリノードでしか受けられないため、更新のスケーラビリティに最初から限界がある構成です[36]。

　このように、リレーショナルデータベースはその構成上、宿命的に更新が**致命的なまでにスケールしない**という問題を抱えており、それを少しでも緩和するための努力が行われています。その1つが、書き込みのデータもいったんREDOログバッファで受けて、非同期にREDOログファイルへ書き出すという方法だったのです。変更情報をまとめてフラッシュすることで、書き込み速度の効率を上げているのです。

　このようにデータベースが更新処理を受けたとき、いったんREDOログバッファで受けるというのは優れた仕組みではあるのですが、それでもあまりに更新処理の頻度が高いとすぐにボトルネックになります。具体的には、DBMSはコミット処理の際にREDOログバッファの中身をREDOログファイルへと書き出すのですが、あまりに頻繁にコミットが行われるとREDOログファイルのロック競合が発生するのです[37]。この状態になるとチューニングは困難を極めます。なるべくコミット頻度を少なくするなど

---

[36] 更新を複数のノードで受けられる**マルチマスタ**という構成をとれるDBMSも存在するのですが、制限が多いアーキテクチャのため実際に使用されることは稀です。
[37] このボトルネックが生じると、Oracleの場合は待機イベントlog file syncが上位に上がり、コミット処理が遅延します。StatspackやAWRといった性能レポートを見ても遅延クエリが見つけられないという、見つけるのが難しいタイプの遅延です。参考：日本エクセム「log file sync」：https://www.ex-em.co.jp/blog/log-file-sync/

の処置くらいしか打てる手がありません（こういうとき、REDOログバッファを大きくするという選択肢を考える人がいるのですが、バッファメモリ容量が枯渇しているわけではないのでチューニングには寄与しません）。かように更新処理のスケーラビリティというのは、リレーショナルデータベースのアキレス腱なのです。その更新のスケーラビリティのなさを解決しようとする新たな試みも行われており、それが**03-01節**と**03-02節**で取り上げる**NewSQL**と呼ばれるデータベースの一群です。これについてはまた章を改めて検討したいと思います。ともあれ、リレーショナルデータベースというのは、読み込みにせよ書き込みにせよ、とにかく**ストレージの遅さをなんとかカバーしよう**とする思想に基づいて、そのアーキテクチャが設計されているのです。その努力の一環が、本節で見た2つのバッファなのです。そこを見通せるようになることで、DBMSの内部動作に対する理解の解像度が一段上がります。

達人への道

バッファキャッシュとREDOログバッファの意味

本節では、データベースが持つ2つのメモリ領域であるデータキャッシュとログバッファの役割について整理してみました。この2つは、それぞれ参照と更新の性能を向上させる（レスポンスタイムという意味でもスループットという意味でも）うえで重要な役割を果たしています。本節を読んだことで、「なぜ2つのメモリ領域は天と地ほどサイズが異なるのか？」という問いに答えられれば、本節の理解は十分であると保証します。

01-12

UNDOと読み取り一貫性の保証

　Oracleでは、読み取り一貫性の保証やトランザクション分離（Isolation）を実現するために、UNDOセグメントという特別な領域を持っています。これはワークロードが高負荷になったときにも高いスループットを出しつつ、データの整合性もとることのできる優れた機構です。このUNDO方式以外にも、SQL Serverはロックベース、PostgreSQLは追記型という形で、それぞれトランザクション同士の整合性をとるメカニズムを持っています。本節では、この3つのデータベースの方式についてそれぞれ見ていき、長所と短所を理解することでアプリケーション設計や運用設計に活かすことができるようにします。

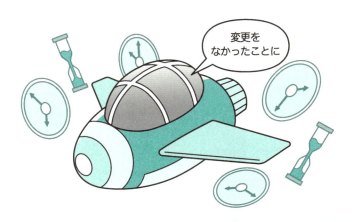

「やり直し」と「巻き戻し」

　前節でREDOログファイルという仕組みを紹介しました。このファイルの用途は障害時のロールフォワードです。すなわち、障害によって失われた更新処理をもう一度「やり直す（REDO）」ことで、障害発生の直前まで更新を進めることです。一方、Oracleにはこれとよく似た名前のUNDOと呼ばれる領域があります。これは何のた

めにあるのでしょう。UNDOの代表的な用途はロールバックです。ロールバックはもちろん、更新処理を「なかったこと」にするためのトランザクションの重要な機能で、**ACID**のA(Atomicity：原子性)を担う重要な要素です。UNDO情報には、変更前のデータをまるっとコピーして持っておくことで、ロールバックされたときにデータを「巻き戻す(UNDO)」ことができるようにしているのです。

UNDOセグメントは大きな環

　こうした特性から、UNDOセグメントというのはかなり大きな容量が必要になります。更新情報だけを持っていればよかったREDOログファイルとは大きく違うところです。UNDOセグメントが格納される領域をUNDO表領域と呼びます。UNDOセグメントは**リングバッファ**(ring buffer)という構成をとっていますが[38]、「リング(環)」という名前の通り、一時的にデータをためておくバッファ領域のうち、終端と先端が論理的に連結され、循環的に利用されるようになっています。このため、最も古い内容を最新の内容で上書きし、一定の過去までのデータを蓄えるという仕組みになっています。際限なく過去データを持てるわけではないのです。

図 01-14 リングバッファ

　このリングバッファはデータの肥大化を抑えつつ、情報をなるべく古いものまで保持するための優れた仕組みです。しかしそれでも、ロングクエリが実行されている最中に読み取り対象のデータに更新が入った場合など、リングが循環して古いデータの**上書き**が発生することがあります。その際に発生するOracleの有名なエラーが`ORA-01555`です。Oracleをある程度使用した人ならば、実行時間の長いSELECT文を実行している最中に、次のようなエラーメッセージが表示された経験があるのではないでしょうか。

---

[38]環状バッファとか循環バッファという名前でも呼ばれます。

ORA-01555: スナップショットが古すぎます：ロールバック・セグメント番号xxx、名前"yyy"が小さすぎます

「スナップショットが古い」というのは、リングが循環して古いデータが上書きされてしまったため、参照するデータがなくなってしまった、ということを意味しています。本書はOracleの解説書ではないので、このエラーが発生したときの対処法には踏み込みませんが、基本的な方針としては、クエリをなるべく短時間で終わるよう調整したり、UNDO_RETENTIONの値かUNDO表領域を増やしたりして解消することができます（更新が裏で走っていない状況で、もう一度SELECT文を実行するだけで解消してしまうこともしばしばあります）。

読み取り一貫性と READ COMMITED

このようなエラーが発生する根本的な理由は、Oracleが**読み取り一貫性**を維持しようと努めているからです。Oracleでは、SELECT文と更新文が別々のトランザクションで実行されている場合、SELECT文が先に開始され、更新文があとから読み取り対象のデータを変更してコミットしたとしても、コミット前のデータをSELECT文に返そうとします。このとき、変更前情報を保持しているUNDOセグメントへの読み取りが行われるわけです。

また、Oracleのトランザクション分離レベルはデフォルトでREAD COMMITEDに設定されています。これはどういう動作かというと、あるトランザクションにおいて実行されているSELECT文は、他のトランザクションによってコミットされたデータしか読み取りません。SELECT文が未コミットのデータを返さないのです（**ダーティ・リード**の防止）。この動作でも、実はUNDOセグメントが使われています。SELECT文の開始後に他のトランザクションにおいて変更されたデータを読み取る場合、UNDOから過去のデータをメモリ上で再現し、そちらを読み取るという動作をします。

RDB・SQL の基礎 01

図 01-15 トランザクション例

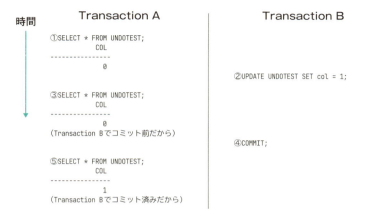

　この動作のポイントは、③の SELECT 文で、トランザクション B が更新した 1 の値が（時系列的には見えてもよさそうなのに）トランザクション A にはまだ「見えていない」ことです。これはトランザクション A が UNDO のデータを見に行っているためです。④でコミットされたことで、トランザクション A にも更新された値である 1 が「見える」ようになります。UNDO は役目を終えたのです。

　この UNDO を利用した仕組みの優れたところは、参照のトランザクションが、読み込み対象のデータが他のトランザクションの更新対象になっていたとしても、ロックによって待たされることを回避しているところです。実際、トランザクション A は UNDOTEST テーブルへの参照において一度も待機させられていません。そのときに重要な仕組みが UNDO の側を参照に行くという仕組みなわけです。これと対照的な戦略をとる DBMS が、次に見る SQL Server です。

SQL Server とロックのジレンマ

　SQL Server でもデフォルトのトランザクション分離レベルは READ COMMITED です。これは先ほども説明した通り「コミット済みのデータだけ読み取る」のですが、SQL Server はそれを実現するために、デフォルトの動作では Oracle と異なる戦略をとります。それは、

　SELECT 文が対象データに対して共有ロックを取得する

という動作をすることです。これの何がミソか。排他ロックされたデータに対して共有ロックは取得できない（逆もできない）ため、（更新のほうが先に開始されたとすると）更新文の排他ロックが解除されるまでデータを読み込むことができないのです。要するにクエリが待機させられます。実際に、先ほどのトランザクションAとBのサンプルを実行してみると、③のSELECT文がロックで待機させられます（実際に試すときは、トランザクションBの最初でBEGIN TRANSACTIONを実行してトランザクションを開始するようにしてください）。④でコミットされることではじめて結果が返ってきます（col=1）。

　UNDOのような複雑なメカニズムを必要としないという点で、非常にシンプルな解決方法だと言えます。その代わり、参照だけしたいユーザを更新が終わるまで待たせるため**タイムアウトエラー**になったり、ロックを非常にたくさんかけるものだから**デッドロック**が発生する原因になったり、純粋に待ち時間が長くてユーザ体験の低下につながったり、という欠点を持っています。

　このロックベースのソリューションはいささか使い勝手が悪いと思ったときに、SQL ServerでOracle的な動作はできないのでしょうか。実はこれができるのです。**READ_COMMITTED_SNAPSHOT**というパラメータをONにすると、Oracleの同時実行制御に近い動作をするようになります[39]。

　つまり、変更前のデータ（言い換えると最新の**コミット済み**データ）をTEMPDBという一時的な領域にコピーして、SELECT文はそちらのデータを参照するようになるのです。いわばTEMPDBがUNDOセグメントのような役割を果たすわけです。この動作を「READ COMMITTED SNAPSHOT ISOLATION（RCSI）」と呼びます。じゃあ最初からそっちのオプションにすればいいんじゃないのと思うかもしれませんが、TEMPDB自体はソートやハッシュなどの演算で生じる一時的なデータを格納する共有的な領域であるため、アクセスが集中するとパフォーマンス問題が発生しやすいのです。おそらくMicrosoft社としては、あまりこちらの方法を採用したくはないのだと思います。なかなかどちらも一長一短という感じです。なお、MySQLもほぼOracleの戦略を踏襲してUNDO領域を使用して同時実行制御を行います。

---

[39]SQL Serverのクラウド版であるAzure SQL Databaseでは、READ_COMMITTED_SNAPSHOTオプションはデフォルトでONになっています（つまりOracle的な動作をする）。「SET TRANSACTION ISOLATION LEVEL (Transact-SQL)」：https://learn.microsoft.com/ja-jp/sql/t-sql/statements/set-transaction-isolation-level-transact-sql?view=sql-server-ver16

PostgreSQLの戦略 - VACUUMはなぜ必要か

　もう1つ、OracleのUNDOセグメントに相当する領域を持たないDBMSがあります。それがPostgreSQLです。PostgreSQLは、更新や挿入が行われるとテーブルにレコードを次々と追記していき、削除や更新で不要になったレコードには削除マークのみつけて残しておきます。これが**追記型**と呼ばれるPostgreSQL独特のアーキテクチャです。そのため、あるトランザクションの更新がコミットされていないとき、他のトランザクションが同じデータを参照すると、以前の行データを参照することで、読み取り一貫性を保証しています。

　これも非常にシンプルなメカニズムで、なるほどその手があったか、と膝を打ちたくなる見事な機構ですが、やはり欠点があります。容易に想像がつくと思いますが、このまま何もしないで運用を続けていくと、データファイルには参照が不要なデータがたまり続けていくことになります。そのため、こうした不要になったレコードを適当なタイミングで解放して再利用可能な状態に戻してやる必要があります。これが**バキューム**（VACUUM）というPostgreSQL特有の処理です。以前は手動でVACUUMを行っていましたが、現在では自動バキューム（autovacuum）の機能も備わっています。

図 01-16 PostgreSQLにおけるバキューム処理のイメージ

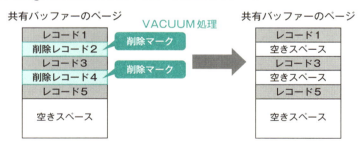

[出典] 富士通株式会社「PostgreSQLインサイド/パフォーマンスチューニング9つの技 〜「基盤」について〜」: https://www.fujitsu.com/jp/products/software/resources/feature-stories/postgres/article-index/tuningrule9-base/

　このバキューム処理はパフォーマンスを維持するためには必要不可欠なものである一方、バキューム処理自体がリソースを多く消費する（要するにデータベースを重くさせる）ほか、テーブルへのロックを発生させる処理であるため、裏でバキュームが走っているとクエリの速度が低下するという評判の悪いメカニズムでもあります。若い頃にOracleメインで育ってきた著者は、この仕組みを見たとき「何だこのけったいな処理は」と思いましたが、これはUNDOを持たずに読み取り一貫性を担保しようとしたこ

とによる代償だったのです。そのため、業務繁忙時にはバキュームをあえて実施せず、閑散期に実施するといったきめ細かい運用が求められることもあります。これは、PostgreSQLの運用設計においても注意を求められるポイントです。PostgreSQLもバージョンを経るごとに消費メモリが少なくなるなど、バキュームの処理は洗練されてきており、徐々に性能問題は解消されつつあります。

達人への道

読み取り一貫性を保証するUNDO、ロック、追記型の仕組みを理解しよう

本節では、Oracle（とMySQL）、SQL Server、PostgreSQLの各DBMSについて、いかにして同時実行制御とパフォーマンスのバランスをとろうとしているかというメカニズムを見てきました。3者ともなかなかに工夫を凝らした機構を持っており、長所と短所があります。アプリケーション設計や運用設計ではその違いに自覚的である必要があります。特に、それほどメンテナンスを考える必要のないOracleとSQL Serverと違って、PostgreSQLには宿命的にバキューム処理をいつ実施するかという問題がついてまわるので、運用設計では注意して設定する必要があります。

Chapter **02**

RDB・SQLの論理

Chapter02ではデータベースの「論理」に焦点を当てます。テーブルが関数であるとはいかなる意味においてなのか。EXISTS述語はなぜ「二階の述語」と言われるのか。結合の計算量においてなぜNested Loopsが有利に働くケースが多いのか。ビッグデータは私たちの考え方の論理をどう変容させたのか。こうしたデータベースの論理的側面に光を当てることで、データベースの考え方について理解を深めます。

02-01
関数としてのテーブル ― 写像と命題関数の謎

リレーショナルデータベースのテーブルは、関数として捉えることができます。しかし、一見するとテーブルは関数のような形には見えません。テーブルが関数であるとは、どのような意味なのでしょうか。ここには、数学史の発展と論理学の革命ともいうべき秘密が隠されているのです。テーブルは、「写像」と「命題関数」という2つの相貌(そうぼう)を持っています。これらを理解することで、リレーショナルデータベースの基礎についての理解が深まります。

テーブルが関数であるとはどういうことか

リレーショナルデータベースのテーブルは関数として捉えられます。これはある程度データベースを触っている人にとっては既知のことで、「何を今さら」という話題ですが、初心者にこの話をすると「えっ」という反応が返ってくることが珍しくありません。そこで本節では、この「関数としてのテーブル」について話をしてみたいと思います。

テーブルが関数だというとき、2つの含意があります。1つは集合から集合への写像

としての意味、もう1つが述語論理における命題関数としての意味です。一般的にテーブルが関数だという場合は、前者の意味で言われることがほとんどです。こちらは関数従属性や正規形の概念にもつながっていくため、関係モデルの理解という点でも広がりのあるオーソドクスな解釈です。しかし、リレーショナルモデルの源流の1つである述語論理においては、述語 (predicate)、すなわち命題関数 (propositional function) が決定的な役割を果たします。こちらの意味でもテーブルは関数としての顔を見せます。本節では、この2つについて解説していこうと思います。

対応関係（写像）としてのテーブル

テーブルを見せて「これが関数です」と言われても、普通の人は首を捻るでしょう。関数というのは、たとえば「y = 5x + 2」みたいな数式の形をしているものではないだろうか。あるいはxy座標にグラフとして表されているものではないだろうか。たしかにテーブルは、どう見ても私たちが学校で習った関数っぽい見た目はしていません。

図 02-01 私たちが思い浮かべる関数

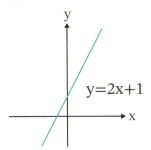

実際、昔は数学においても関数というのは、何らかの数式によって表されるものだと考えられていました。18世紀の数学者オイラーも、関数は変数や定数を組み合わせた式によって表されるものだという考えを持っていました。彼による有名な関数の定義は次のようなものです[1]。

> ある変数の関数とは、その変数といくつかの数、すなわち定数を用いて何らかの仕方で組み立てられた解析的表現のことである。

---

[1] レオンハルト・オイラー『無限解析序説』(1748)。訳文は、岡本久、長岡亮介『関数とは何か』(近代科学社、2014) p.25より。

しかし、徐々にこの関数の捉え方に変化が起きていきます。一言で言うと、関数の定義が拡張されていくのです。19世紀に入ると、数学者ディリクレがyとxの間に数式で表せるような規則的な対応はなくてもかまわないという考え方を支持します。つまり、出力と入力の間に何らかの対応関係があれば、その**関係そのもの**を関数とみなしてよいのではないか、という見方を提唱したのです[2]。

> aとbをふたつの確定した値とし、xはaとbの間の任意の値を取ることができる変量とする。さて、任意のxに対してただひとつの有限なyが対応し、しかも、xがこの区間をaからbまで連続的に掃過するときに$y=f(x)$もまた少しずつ次第に変わってゆくならば、yはこの区間におけるxの連続関数と呼ばれる。ここで、yがxにこの全区間に渡って同じ規則に従う必要はないし、数学的な演算で表現される単一の依存関係を考える必要もない。

　連続的な関数に限定されてはいるものの、関数の中身が「数学的な演算で表現される」必要はないと断言しているところに、ディリクレの革新性があります。これはまさに現代的な関数の定義であり、数学の用語で**写像**（mapping）に当たります。現在の大学で関数の定義を習うときも、この写像の概念を使っています。具体的には次のような定義です。

> AとBを空でない集合とする。任意の$x \in A$に対してただ一つの$y \in B$が対応しているとき、関数$f:A \to B$が定まったといい、$y = f(x)$と表す。

図 02-02 集合Aから集合Bへの写像のイメージ

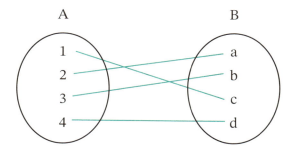

---

[2] ヨハン・ペーター・グスタフ・ルジューヌ・ディリクレ『正弦・余弦級数による全く任意の関数の表現について』（1837）。訳文はオイラー・前掲注1と同じく『関数とは何か』p.39より。なお同書では、ディリクレと同じ時期にロバチェフスキーも独立に関数の現代的な定義にたどり着いていたことも指摘されています。

RDB・SQL の論理 02

　2つの集合が与えられたとき、一方の集合の各元に対し、他方の集合のただ1つの元を指定して結びつける対応が写像です。このときのポイントは、対応規則は別に**式や文章で表される必要はない**という点です。場当たり的な規則でもかまわないのです。20世紀に入ると集合論の発展もあり、こうした関数理解が一般化していきます。より抽象度が高く、広義になっていったのがわかるでしょう。

　関数を写像だと考えれば、テーブルというのはキー列から非キー列への写像なので、まさに関数そのものです。テーブルが関数だという意味の1つ目はこういうことです。具体的に、ペットの名前を主キーとして動物の種類の列（kind）を持つ簡単なPetsテーブルを考えてみるとすれば、このPetsテーブルは次のような関数として作用しているのです。

kind = Pets(name)

表 02-01 **Pets テーブルは関数**

name	kind
タマ	cat
ポチ	dog
ミケ	cat
クロ	cat

　実際、name列に具体的な値を入れてみれば、kind列が一意に定まります。

cat = Pets(タマ)

　このような関数理解を背景にすると、正規形の理論を習うときに出てくる**関数従属**の概念も非常にわかりやすくなります。関数従属とは、キーから非キーへの対応を意味しているからです。

　この関数理解はそれほど難しくないと思います。問題は2つ目のほうです。少し（言語）哲学的な議論が必要になります。どのようなものか見てみましょう。

命題関数（述語）としてのテーブル

　命題関数（propositional function）というのは、個体を変項の値として代入し、真偽の定まる命題を返す関数です（論者によっては真偽そのものを返すとする場合もあり

ますが、今はその違いは重要ではありません）。この用語は、哲学者バートランド・ラッセル（1872-1970）らが用いたものです。しかし、テーブルが命題関数だというのはいったいどういうことでしょうか。具体的に考えるために、先ほどのPetsテーブルで考えてみましょう。

このテーブルはペットの名前を代入すると、それが猫か犬かを言明する文（このような言明文を命題（proposition）と呼びます）を出力するような関数として働いてくれます。たとえば、

Pets(タマ, cat) ＝ タマは猫である

という具合です。つまりPetsテーブルは、「nameはkindという属性を持つ」という2項の命題関数として捉えることができるのです。このnameやkindという列は変数みたいなものですが、数以外のいろいろなものが代入されるため、言語哲学の用語で「変項」と呼ばれます。英語では、変数と同じくvariableと言います。

ともあれ、これで真偽をはっきりさせることができる言明＝命題が得られました。列がどれだけ増えても基本的な考え方は変わりません。Petsテーブルには、ペットの体長、体重などの情報を列として付け加えることができ、そうすると真偽判定の条件が増えていきます（タマは猫であり、かつ、体長35cmであり、かつ、体重10kgであり……）。テーブルの列は「属性」と呼ばれることもありますが、これはタマが「猫性」という属性を持っているかどうかを表現しているからです。この考え方に従えば「タマは猫性を持っている」というのがより述語論理っぽい表現となります。

このようにテーブルでは、キーとなる列が表す個体が非キー列の属性を持つことを言明する命題を構成します。Wikipedia英語版のrelationの項目にはこの点について、次のように書かれています[3]。

〃

Thus, an n-ary relation is interpreted, under the Closed-World Assumption, as the extension of some n-adic predicate: all and only those n-tuples whose values, substituted for corresponding free variables in the predicate, yield propositions that hold true, appear in the relation.

〃　　　　　　　　　　　　　　　　　　　　　　　　　　　　　　　　　〃

n項の関係は閉世界仮説の下において、ある種のn次の述語の拡張として解釈される。すなわち、述語の対応する自由変項に代入された値が真となる命題をもたらすn個の行のすべてが、そしてその行のみが、関係に現れる。

〃

---

[3] https://en.wikipedia.org/wiki/Relation_(database)、訳文は著者によるものです。

これがテーブルが関数であるという2つ目の意味です。どうでしょう。すんなり理解できたでしょうか。

文脈原理という謎

わざわざこのようなことを尋ねる理由は、この命題関数という考え方には1つ捻りが入っている、言い換えると素直でない考え方に基づいているからです。というのは、普通私たちが文の意味を考えるとき、「～は猫である（＝～は猫性を持つ）」という命題関数を取り出して考えるでしょうか。どちらかというと「タマは猫である」という文を見ると、まずは「タマ、は、猫、である」と単語に分解して、それぞれの単語の意味を考えるというやり方をしないでしょうか。しかるのちに、それらの意味を足してやることで、文の意味が出来上がる。こんなイメージです。

タマは猫である ＝ タマ ＋ は ＋ 猫 ＋ である

この考え方はとても自然だと著者は思います。自然言語処理においても形態素解析という方法論がありますが、これも文を単語へ還元する手法です。しかし、命題関数の考え方はこれとは逆の道を行っているのです。すなわち、**最初に文があって**、そこから固有名の部分だけを変項に置き換えることで、述語＝命題関数を作り出しています。語の意味を文との関連から考えようとしており、基本単位の比重が文のほうにあるのです。関係モデルのテーブルもこの考えを踏襲しています。

このアプローチを最初に編み出したのは述語論理の創始者であるドイツの哲学者フレーゲであり、この大胆な転換を行った彼の考え方は「**文脈原理**」と呼ばれています。文脈原理は、彼の著書『算術の基礎』の序文にはっきりと述べられています[4]。

> 語の意味(Bedeutung)は、命題という脈絡(Satzzusammenhang)において問われなければならず、語を孤立させて問うてはならない。

文を単語にバラしても分析は捗らないぞと警告しているのです。実際その通りなのですが、困ったことにフレーゲはどういう筋道を通ってこのようなある意味ひっくり返った文の分析方法にたどり着いたのか、その理路をはっきりとは語ってくれていません。そうした説明不足も手伝って、フレーゲの著作はしばらくの間学界でも注目されず、そ

---

[4] ゴットロープ・フレーゲ（三平正明・土屋俊・野本和幸訳、野本和幸・土屋俊編）『算術の基礎（フレーゲ著作集2）』（勁草書房、2001）p.43

の偉大な仕事も過小評価されていました。ただ、フレーゲが幸運だったのは、当代一流の哲学者や数学者（ペアノ、ヒルベルト、ラッセル、ウィトゲンシュタイン、フッサールなど）が彼の仕事の重要性を見抜き、高く評価してくれたことでした。これらの人々が「フレーゲ、マジすごい。みんな読まなきゃダメ！」と強く推してくれたことで、フレーゲの仕事は広く知られるようになりました。特にそのカリスマ性から、日本でも人気の高いウィトゲンシュタインはフレーゲを師と仰ぎ、その影響は生前唯一の著作『論理哲学論考』に顕著に見られます。文脈原理を知らないと、『論考』の出だしの文からして理解につまずくほどです[5]。

　ともあれ、フレーゲによって文を述語（命題関数）と変項に分解して分析していくという方法論、今でいう述語論理が創始され、量化や高階論理など高度な概念も次々に生み出されていきます。SQLが扱うのは一階述語論理までなので、論理学的にそれほど複雑な操作をするわけではありませんが、EXISTS述語で存在量化を扱えるのは、フレーゲのおかげです（EXISTS述語については、**01-07節**、**02-02節**も参照）。

　さて、少し話が逸れてしまいましたが、これが「テーブルは関数である」という意味の2つ目、命題関数です。皆さんも今後テーブルを見たら、ぱっと「ああ、これは写像という意味での関数であり、命題関数の変項に値が代入されたものなのだ」と思えるようになると、いろいろと理解が進むと思います。

写像と述語を意識するとセンスの良いデータベース設計が行える

テーブルは関数であるという含意は2つあります。1つは現代的な関数の定義である写像、すなわち2つの集合の間の対応関係（＝写像）という意味。もう1つが命題関数、すなわち固有名を引数にとって命題を出力する命題関数（＝述語）という意味です。それぞれリレーショナルデータベースの基礎となっている集合論と述語論理の基本的な道具立てであり、正規形やテーブル設計を行う際にもこれらのことを意識すると、スマートでセンスの良い設計を行うことができるようになります。

---

[5] 『論考』は次のような出だしで始まります。

1 世界は成立していることがらの総体である。
1.1 世界は事実の総体であり、ものの総体ではない。

ここでウィトゲンシュタインは、文を事実、語を「もの」に翻案してフレーゲの文脈原理を焼き直しています。
野矢茂樹『言語哲学がはじまる』（岩波書店、2023）p.39。

COLUMN 数式で表せない不思議な関数

本文で関数概念を史上初めて「数式で表せなくてもよい」という定義に拡張した人物としてディリクレの名を挙げました。ディリクレは、自分でもそういう関数の例を考えており、彼の名を冠した関数が現代まで伝わっています。その関数の定義とは：

xが有理数のときは1、xが無理数のときは0をとる

という何とも不思議な関数です。この関数を無理やりグラフに表すと、次のようになります。

図 02-03 ディリクレの関数

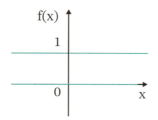

このグラフを見ると、ディリクレの関数は途切れなく続く連続な関数に見えます。実は厳密に見ると、このグラフは不正確です。というのも、いたるところにおいてこの関数は不連続だからです。これはxとしてある有理数の点aをとるとaにいくらでも近い無理数が存在すること、およびxとしてある無理数の点bをとるとbにいくらでも近い有理数が存在することからわかります。ディリクレの関数は、cosと極限で表すことができる、リーマン積分はできるけどルベーグ積分はできないなど、数学的に興味深い性質を持っており、現代でも数学愛好者を惹きつけてやまない関数です。ただ、ディリクレがなぜこんな病的な関数を思いついたのかは謎です。

02-02

最大の自然数は存在するか

　SQLは述語論理を基礎に持ちますが、その中でも強力な表現力を持つ述語がEXISTSです。これは述語論理の存在量化子（∃という記号で表現します）を実装した述語なのですが、実はこの述語はSQLの中で唯一の"二階の"述語です。「xは存在する」という一見すると一階の述語に見える述語がなぜ二階の述語なのか、その源流をフレーゲ（とラッセル）の議論を追いながら見ていきます。

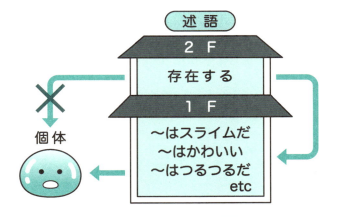

「存在する」はなぜ二階の述語なのか ─ 金星の衛星にまつわる謎

　01-07節で、EXISTS述語だけが唯一SQLの中で二階の述語である、ということを説明しました。これはEXISTS述語だけが**行の集合**を引数にとる述語だからです。

図02-04 EXISTS述語は二階の述語

EXISTS以外の述語は1行を入力とする

EXISTSは行の集合を入力とする

　それはわかるとして、なぜ述語論理を考えた人（具体的には **02-01節**にも登場したフレーゲ）はこんな着想を得たのか、そこがわかりにくいという質問を受けることがしばしばあります。たしかに、数ある述語の中でなぜ「存在する」だけが二階の述語であるのか、というは直感的に少しわかりにくいものです。なぜフレーゲはこんなことを考えたのでしょう？　この点について、フレーゲの議論を参照しながらかみ砕いて見ていきたいと思います。

　フレーゲが「存在するは二階の述語である」という議論を展開しているのは『算術の基礎』における第46節と第53節、および第63、64節です。フレーゲの言葉を引用します[6]。

> 　かくして、前節の最初の問題に対する回答として我々に思いつくのは、個数言明が概念についての言明を含むということである。このことは、数0の場合に最も明瞭になるかもしれない。私が「金星は0個の衛星を持つ」と言う場合、それについて何かを言明しうるような衛星や衛星の集積は、まったく存在しない。しかし、「金星の衛星」という**概念**には、それによってある性質が、つまり自身の下にいかなるものも包摂しないという性質が付与される。

　少し（かなり）わかりにくい議論だと思います。もう少し詳しく説明しましょう。まず事実として、金星は衛星を持ちません。ゆえに「金星の衛星」という概念はいかなる対象も指示することはありません。指示対象を欠いた名前です。であれば「金星は0個の衛星を持つ」という言明は何を主張しているのでしょうか。逆に「金星の衛星」が何

---

[6] フレーゲ・前掲注4、第46節

らかの指示対象を持つのだとしたら、「金星は0個の衛星を持つ」は真の言明となってしまいます。これもまた事実に反します。どちらにしても意味不明です。このようなピットフォールに陥るのは、「存在する」が一階の述語だと考えるから起きる勘違いなのだ、というのがフレーゲの洞察です。私たちは素朴に「犬が存在する」のような文から、犬を変項xに置き換えて「xは存在する」という命題関数を作ってしまいます。しかしその道は袋小路だとフレーゲは言います。正しくは、「金星の衛星」を「xは金星の衛星である」という命題関数に展開すべきだったのです。この述語をVenusと表すならば、あるxについて

Venus(x)

と書くことができます。存在量化子の記号を使うならば

∃xVenus(x)

となります。この「あるxについて」の部分は述語Venusについての述語であり、すなわち二階の述語ということになります。こうした議論を受けて、哲学者の飯田隆は次のように記しています[7]。

> すなわち、「存在する」は、述語ではあるが、「ねたむ」や「カラスである」のような、個体について言われる一階の述語ではなく、こうした一階の述語について言われる二階の述語なのである。

述語はこの世界に存在する個体を変項の値として代入し、真偽を返す関数でした。そして述語自身もこの世界に存在する存在者です。であれば、述語を変項の値として代入する述語があっても、決しておかしくはない話です。

最大の自然数は存在するか

この議論がわかりにくく感じた人のために、別のサンプルで考えてみましょう。「最大の自然数は存在しない」という言明を例に挙げます。この「最大の自然数」というのも当然ですが指示対象を欠いています。指示対象を欠いたものが存在しないという言明は真でも偽でもありえません。ナンセンスです。一方、もし最大の自然数が存在するの

---

[7] 飯田隆『増補改訂版 言語哲学大全I』(勁草書房、2022) p.68

だとしたらこの言明は真ということになってしまい、これも事実に反します。もし「存在する」が一階の述語だとすれば、存在しないものについて存在すると語ることも、存在しないと語ることも不可能になってしまいます。これはおかしな話です。こちらも本来は「xは最大の自然数である」という言明として展開すべきだったのです[8]。

これはフレーゲのオリジナルの議論とは少し異なるのですが（フレーゲは個数言明についての議論として考えている。フレーゲは数もまた二階の概念と考えました）、このような発想と同根の議論を念頭に置いていたと思われます。フレーゲがこのような議論を考えるとき前提にしているのは、中世から連綿と続く神学論争、特に神の存在論的証明です。これはフレーゲ自身が次のように語っていることからもわかります[9]。

"
　この点で数は存在と類似している。実際、存在の肯定は数ゼロの否定に他ならない。**存在は概念の性質**であるがゆえに、神の存在に関する存在論的証明はその目標を達成しない。しかし、存在と同様に、一意性も「神」という概念の徴表ではない。
"

神の存在論的証明というのは、いくつかバリエーションがありますが、11世紀の神学者アンセルムスや17世紀の哲学者デカルトによるものが有名です。それは次のような論理展開によってなされます[10]。

"
　まず、「可能な存在者の中で最大の存在者」を思惟することができる。ここで、「任意の属性Pを備えた存在者S」と、「Sとまったく同じだけの属性を備えているが（Sは備えていない）『実際に存在する』という属性を余計に備えている存在者S'」では、S'のほうが大きい。よって「可能な存在者の中で最大の存在者」は（最大の存在者であるためには、論理的必然として）「実際に存在する」という属性を持っていなければならない。ゆえに「可能な存在者の中で最大の存在者」は我々の思惟の中にあるだけでなく実際に存在する。ところで、可能な存在者の中で最大の存在者とは神である。したがって、神は我々の思惟の中に存在するだけでなく実際に存在する。
"

いかがでしょう。「詭弁だ」「何を説明しているのかわからない」というのが大方の反応ではないでしょうか。そのようにして片づけてしまうこともできますが、フレーゲはこの議論を検討の議題として挙げたうえで、「存在する」を個体の性質として考えるのが間違いの元なのだ、と反論しているのです。存在はあくまで概念に適用される性質（述語）なのです。フレーゲ自身はこれ以上神学に踏み込むことはしませんでしたが、彼が創始者の1人となった分析哲学は、のちに神学と結びついて**分析神学**というジャン

[8] 大西琢朗「存在は2階の述語である」：https://takuro-logic.hatenablog.com/entry/2019/09/08/232312
[9] フレーゲ・前掲注4、第53節
[10]https://ja.wikipedia.org/wiki/神の存在証明

ルを生み出すことになります。その萌芽はすでにフレーゲの議論の中にあったのです。

少し細かい補足
― フレーゲは本当に「存在する」を述語だと考えたのか

フレーゲの『算術の基礎』の引用箇所を読むと、厳密にはフレーゲは「存在する」は述語であるとまでは述べていません。「存在する」が個体の属性ではない点は間違いなく見抜いているのですが、フレーゲ自身は「存在は概念（性質）である」というニュアンスの表現をしています[11]。このことから、フレーゲは「存在する」を述語とはみなさなかった、という解釈を支持する哲学者もいます。哲学者の加藤雅人の言葉を引用します[12]。

||

フレーゲによれば、「存在は述語ではない」ということは、正確には「存在は第1階の属性ではない」や「'exists' は第1階の述語ではない」と言われるべきである。彼によれば、概念もまた述語の指示対象である。ある種の述語は「単称（個体を指示する）名辞」(singular term) と結合して命題を構成し、「個体」について何かを語る。たとえば、'Socrates is wise'。この文の述語 'is wise' は「第1階述語」(first-level predicate) と呼ばれ、「第1階概念」(first-level concept) ―この場合は「知恵 [賢いこと]」(wisdom [being wise]) ―を指す。別のタイプの述語は、単称以外の名辞と結合して命題を構成し、その名辞が指示する「概念」（第1階）について何かを語る。たとえば、'Wisdom is rare'。この文の述語 'is rare' は「第2階述語」(second-level predicate) と呼ばれ、「第2階概念」(second-level concept) ―この場合は「希少性 [希であること]」(rarity [being rare]) ―を指す。そして、フレーゲは「存在」を第2階概念とみなした（加藤、2017、II；cf. Miller, 2002, pp. 3-9）。

||

著者としては、概念と述語はほぼ同じようなものだと考えてよいと思います。また、SQLでEXISTSは正真正銘の述語として扱われており、「存在する」は述語であるという飯田の立場を支持しています。

---

[11]「存在する」が他の述語とは違う特殊性がある、ということを見抜いたのはフレーゲが初めてではありません。すでにカントが「存在は実在的な述語ではない」という言葉でこの述語への違和感を表明していました。しかし、二階の概念として定式化したところにフレーゲの革新性がありました。

[12] 加藤雅人「「存在」とは何か？ ―'exist' の冗長説 ―」：https://www.kansai-u.ac.jp/fl/publication/pdf_department/24/107katoh.pdf

RDB・SQL の論理 02

達人への道

EXISTS 述語の背後にある基礎理論

フレーゲが主張した意味において、「存在する」は二階の述語です。述語論理では存在量化子∃によって表されます。この存在量化子を実装したのがSQLのEXISTS述語です。EXISTS述語が二階の述語であるのは、これだけが特定の列や値といった個体に対して作用するのではなく、行の集合という一階の存在に対して作用するからです。その証拠に、EXISTS述語はサブクエリ内のSELECT文の戻り値が何であるかということに一切無頓着です。EXISTS述語の背景にこのような議論の積み重ねがあったことを知ることで、よりSQLの量化を扱うSELECT文についての理解が深まります。

COLUMN 「存在する」は一階の述語だとあくまで言い張ってみる

本節では「存在する」が二階の述語であることのフレーゲの証明(に触発された議論)を見てきました。ところで、この問題に対する解決方法は、これ以外にも道があります。それは、あくまで「存在する」が一階の述語だと主張する道です。そんなことが可能なのかと思うかもしれませんが、こちらの方向に踏み込んだ哲学者としてオーストリアのマイノング(1853-1920)や、フレーゲを高く評価した(初期)ラッセル(初期、と制限するのはのちにラッセルはこの立場を放棄し、フレーゲと同じ地点に到達するからです)がいます。いわゆる「**非存在対象** (non-existent objects)」と呼ばれる存在者を導入する議論であり、「金星の衛星」や「最大の自然数」、「四角い円」、「黄金の山」といった普通私たちが存在するとは考えないような対象も、何らかの意味で存在すると認める立場です。ラッセルは定冠詞「the」に対応する存在者までが存在すると主張しました。途方もない、としか表現しようのないラディカルな主張ですが、この立場を表明した有名な文章として、ラッセルの『数学の原理』(1903)の一節があります。

> *存在*(Being)は、考えられるどのような項(term)にも、また、思考の対象となりうるいかなるものにも、属する。端的に言って、存在は、真であろうが偽であろうが、そもそも命題中に出現できるすべてのものに、また、こうした命題すべてに属する。存在は数えうるあらゆるものに属する。もし A が一として数えうる項であるならば、A が何ものかであるのは明白であり、それゆえ A は存在する。「A は存在しない (A is not)」は、常に、偽であるかまたは無意味である。なぜならば、A が何ものでもないならば、それが存在し

ないと言うことはできないであろう。「Aは存在しない」は、その存在が否定されるべき項Aがあることを含意し、よって、Aは存在する。かくして、「Aは存在しない」が意味のない音声に過ぎないと言うのでない限り、それは、偽でなければならない。数、ホメーロスに出て来る神々、関係、キマイラ、四次元空間、こうしたものすべてが存在するのである。

[出典] バートランド・ラッセル, "The Principles of Mathematics", 1903, sec.427.

いかがでしょうか。「とんでもないことを言う」「荒唐無稽だ」というのが大方の第一印象でしょう。たしかに、キマイラや4次元空間が存在すると言われても、にわかには信じがたいものがあります。しかし、だとしたら直線や点という概念はいかがでしょう。直線は長さだけがあって面積も幅も持たない存在だと私たちは学校で習います。点にいたっては長さも面積も持ちません。こんな見ることも触ることもできない存在者を、私たちは存在するのだと子どもの頃に教えられて、それを平然と受け入れています。学校で教えていることはすべて無意味な概念についての言葉遊びだと、皆さんは思いますか？ こうした点において、私たちは実は皆ラッセル主義者なのではないでしょうか。およそ100年も昔にこんな面白いことを考えた人たちがいたのです。

私たちは簡単に何かが「存在する」とか「存在しない」と表現しますが、その内実は本当にいろいろな含意が含まれているし、存在にも階層や種類というのがあるのではないか、という気づきを与えてくれるのが非存在対象の存在論の面白さです。

こうした議論に興味を持った方は、次の書籍を読んでみることをお勧めします。対話形式の親しみやすい語り口で現在の存在論の様々な学説を網羅的に紹介してくれます。

• **倉田剛『現代存在論講義Ⅰ—ファンダメンタルズ』（新曜社、2017）**

02-03 SQLの論理形式
― SQLはFROM句から書け

　SQLのSELECT文は、素直に文頭から書いていくと考えにくいという（英語としては普通だがプログラミング言語としては）特殊な構文をしています。実は、FROM句から書くほうが入力→出力という順序になるため考えやすいのです。このSQLの欠点は昔から英語圏でもよく指摘されており、実際にMicrosoftのLINQのようにFROM句から書くように言語仕様を変更した言語も存在します（のちほど構文をお見せします）。SQLを書く際のワンポイントアドバイス、それが「FROM句から書け」です。

SQLに対する小さな（あるいは場合によっては大きな）違和感

　SQLを使い始めてしばらくすると、少なからぬ人が違和感を抱くようになります。これは気になる人は気になるし、気にしない人はさらっと通り抜けてしまう（あるいは無意識のうちに後述するような回避方法を実践している）ものです。その違和感を一言で言うと、

SELECT文ってもしかしてFROM句から書いたほうがわかりやすくない？

　SQLは英語の構文に似せて、なるべく自然言語っぽい見た目になるように作られているため（それでもネイティブから見ても人工言語の香りはするそうですが）、英語の命令文の文法に倣って動詞であるSELECTから文が始まります。しかし私たち人間の実際の思考の流れとしては、最初にデータソースを記述するFROM句から考え始めるほうが自然です。それに最初にFROM句にテーブルを書いたほうが、そのあとのWHERE句やSELECT句に列名を書く際にも、エディタによる入力補完の恩恵を受けられます。

　この違和感は正しく、SELECT文の記述順序と思考の順序が違うので書きにくいし、エディタの補完機能の恩恵が受けられないのが嫌だ、という意見はもう大昔からあります。何度も何度も何度も繰り返されてきた議論なのです。海外の技術Q&Aコミュニティサイト（stackoverflow）に掲載されている2011年のスレッドでも「SQLはFROM句が最初に来るべきではないか？」という問いが提起されています[13]。

〟
　　これはずっと気になっていたことです。FROM句がSELECTの前に来るほうが理にかなっているのではないでしょうか？ SQLを書くとき、特に結合を書くときはいつもFROM句を先に考えてからSELECTを書きます。それに、FROMを先に書くことで、エディタ内の入力補完がより良くなります。SELECTを先に書く理由を知っている人はいますか？ これに悩まされているのは私だけでしょうか？
　　　　　　　　　　　　　　　　　　　　　　　　　　　　　　　　　〟

　同じ悩みを抱えている人が海外にも大勢いるのだということがわかります。

　今Web上で検索しても出てきませんが、著者はこれより古い文書として、2000年に書かれた "An Incremental Approach to Developing SQL Queries" (Jonathan Gennick, *Oracle Magazine*, July/August, 2000) の中で、FROM句を最初に書くという方法論を読んだことがあります（Gennickは段階的アプローチ（incremental approach）と呼んでいました）。かようにこの論点は、何十年も前から存在し、議論されてきた古くて新しい問題なのです。

実際に FROM 句を最初に持ってきてみた

　こうした違和感を解消しようとして、本当に構文的にFROM句を先頭に持ってきた言語として、Microsoft社のC#で使うLINQというデータ操作言語があります。LINQ

---

[13]"Shouldn't FROM come before SELECT in Sql?": https://stackoverflow.com/questions/5074044/shouldnt-from-come-before-select-in-sql、訳文は著者によるものです。

の構文は、たとえば次のようになります[14]。

```
IEnumerable<int> highScoresQuery =
     FROM score in scores
    WHERE score > 80
 ORDERBY score descending
  SELECT score;
```

　LINQとSQLは同じ語彙を使っていますが、構文の順序が異なります。最初にこれを見たとき、著者は「あーなるほど……そうきたか」と思いました。たしかに、コーディングするときはこの順序のほうが考えやすいに違いありません。この構文はSQLの失敗（？）から学んだ証拠であり、人類は少しずつ進歩しているのだ、と感慨深い気持ちになります。ただ、読む際には私たちの脳裏には英語が念頭にあるため、何となくFROM句が最初に来るのは少し違和感を感じるのも事実です。私たちの脳は、まだそこまでプログラミングに最適化されていないようです。

　BigQueryがサポートするパイプ構文においてもクエリの先頭はFROM句になっています。たとえば以下のような構文をとります[15]。

```
FROM Produce
|> WHERE sales > 0
|> AGGREGATE SUM(sales) AS total_sales, COUNT(*) AS num_sales
   GROUP BY item
|> JOIN ItemData USING(item);
```

SQL 文の評価順序と GROUP BY 句の利便性

　以上、SQLを書く際のワンポイント「FROM句から書く」について見てきました。これはSQLがDBMS内部で評価される順序にも関係しており、内部的には次のような順序で評価されます。

　FROM（→JOIN）→ WHERE → GROUP BY → HAVING → SELECT（→ ORDER BY）

---

[14]Microsoft「統合言語クエリ（LINQ）」: https://learn.microsoft.com/ja-jp/dotnet/csharp/linq/get-started/query-expression-basics
[15]Google Cloud「Work with pipe query syntax」: https://cloud.google.com/bigquery/docs/pipe-syntax-guide

ORDER BY句は厳密にはSQL文の一部ではないので、これは蚊帳の外に置いてかまいません（ORDER BY句はカーソル定義の一部です）。そうすると、SELECT句が正真正銘のラストになります。実際、SELECT句がやっていることというのは、表示用に見た目を整形したり、計算列を算出したりするだけで、大したことをしていません。料理において、最後に味を調えているようなものです。先頭に位置しているので、どうしてもこいつに目を奪われがちですが、実はロジックを考えるときは無視してかまわないのです。WHERE、GROUP BY、HAVINGのほうがずっと重要な役割を持ちます（例外的にウィンドウ関数を使うときだけはSELECT句が重要な意味を持ちます）。

　SELECT句でつけた列の別名が原則としてGROUP BY句で参照できないのも、SQLの評価がこの順序で行われるためです。DBMSのパーサーがGROUP BY句を評価する時点ではまだSELECTを見ていないため、SELECT句でつけられた別名は知らないのです。ただし、PostgreSQLやMySQL、Oracleのようにちょっとズルしてこれを参照できるようにしているDBMSも存在しており、ここは実装によって動作が異なります。GROUP BY句でSELECT句の別名を参照できるのは大変便利な機能なので、個人的には広く利用できるようになってほしいと思っています。このようなクエリのサンプルは次のようなものです。

SELECT句でつけた別名 region をGROUP BY句で参照する（Oracle（23ai以降）、PostgreSQL、MySQLでのみ動作）

```
SELECT CASE WHEN city IN ('New York', 'New Orleans')      THEN 'East Coast'
            WHEN city IN ('San Francisco', 'Los Angels') THEN 'West Coast'
            ELSE NULL END AS region,
       SUM(population) AS sum_pop
  FROM City
 GROUP BY region;
```

SQL の論理形式

　さて、SELECT文の書き方としてSELECT句から書く方法と、FROM句から書く方法を対比して見てきました。前者を**トップダウン・アプローチ**と呼ぶなら、後者は**ボトムアップ・アプローチ**です。C言語やPythonにたとえるなら、いきなり完成を想定した**main関数から書く**のがトップダウン、小さな部品的な**モジュール**から作って、最後に組み合わせるのがボトムアップです。手続き型言語のモジュールとSQLの「句（clause）」を完全に対応させるのは無理がありますが、アナロジーとしてはわかっていただけるでしょうか。

RDB・SQLの論理 02

表 02-02 トップダウン・アプローチとボトムアップ・アプローチ

トップダウン	ボトムアップ
SELECT	FROM
FROM	WHERE
WHERE	GROUP BY
GROUP BY	HAVING
HAVING	SELECT
ORDER BY	ORDER BY

　ボトムアップ・アプローチがもたらす利点は、問題を狭い範囲に限定することによって理解を助けることにあります。4～5行程度で済む小さなSQLを書く場合には、トップダウンだろうとボトムアップだろうと、書く効率に大した違いは生じません。ですが30行を超える巨大なSQLを書かねばならないとき、その全体を一度に頭の中で理解することは簡単ではありません。ボトムアップ・アプローチは、こうした巨大な問題を小さな問題の集合とみなすことによって、各個撃破することを可能にします。いきなり完成形のSELECT句に書くのは難しくても、データソースとなるテーブルをFROM句に書くことは簡単という場合は多いものです。このように、問題を局所化できるのがボトムアップ・アプローチの利点です。「困難は分割せよ」の格言通りです。

　問題の根を一言で言うなら、SQLの見た目（文法形式）は、私たちが現実世界と対応させて持つ思考の構造（論理形式）を正しく反映していないのです。私たちがSQLプログラミングにおいて陥る混乱の根は、大体において私たちが言語の表層に気をとられ、その奥に潜む論理形式を見通せていないことに起因しているのです。

達人への道

思考の順序と構文の順序を合わせよう

SQL文を書くときは、（それが書きやすい人は）SELECT句から書くのが一般的です。別にそのやり方自体を否定するつもりはありません。しかし、本来SELECT句は最後に評価される句であるため、難しいSELECT文を考えるときはまずはデータソースを記述するFROM句から書き始めて、WHERE句 → GROUP BY句 → HAVING句ときて、最後にSELECT句にたどり着くほうがスムーズに考えられることがあります。SQLの難問にぶち当たったときに試していただくと、視界が開けるかもしれません。

02-04

「わからないこと」が多すぎて

　私たちが「何を知っているか」ということは、多くの学問領域における関心の事柄です。特に哲学の認識論と呼ばれる分野における主要な関心事です。一方で、「何を知っていないか」ということに関しては、いまだ多くの謎が残された闇の領域です（わからないことについて、何をどう考えればよいというのでしょう）。しかし、データベースは人間の知識を扱うソフトウェアである以上、その「わからなさ」と向き合わねばなりません。本節では、先人たちが「わからない」ということについて、どのように考えてきたのかを紹介します。

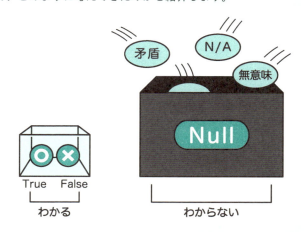

「わからない」の分類学

　人間が知りうる事柄、すなわち知識や真理についての性質、分類、範囲（人間の知りうる限界）についてはこれまで多くの学問的な蓄積があります。そのようなことを専門に扱う認識論という哲学の一分野もあります。
　その一方で、人間が知りえないこと、「わからないこと」についての性質や分類につ

いての研究というのは、ほとんど存在しません。これは、扱う対象がそもそも難しいという問題があります。自分たちが知りえないことをそもそもどうやって研究や分析の俎上に載せればよいのか、というのはちょっと考えても見当がつきません。

しかし、データベースはその見当のつかない対象を扱わねばならない分野です。それはデータベースに保存されているのが事実の集合ではなく、人間の認識の集合であるため、否応なしに不完全な人間の認識を反映したものにならざるをえないからです。私たちは普段気軽に「そんなのわからないよ」とか「私は知らない」とか「理解できない」と口にしますが、その「わからなさ」にも様々な分類や階層が存在するのではないか、というのが本節で提起したいテーマです。

NULL という闇鍋

しかし現在のリレーショナルデータベースは、この問題に関して非常に簡潔かつ大ざっぱな「解決策」を提示しました。それが皆さんも常日頃から親しんでいる——あるいは苦しんでいる——NULLです。リレーショナルデータベースは、このNULLという面妖な存在にわからなさのすべてを押しつける形で、一応実用に耐えるシステムを作り上げました。NULLを導入したことによって併せて導入された3値論理の演算がエレガントかと問われれば、多くの人がNOと答えるでしょうが、文句をつけながらも世界中の何億ものユーザが使うことができるくらいには実用的な体系を作り上げた、ということは間違いありません（3値論理の真理表は**01-05節**を参照）。

他方、コッドがNULLの分類学ともいうべき作業に着手していたこともよく知られています。彼は**未知**（applicable）と**適用不能**（inapplicable）を区別することで、データベースは**4値論理**をサポートするべきだと考えました[16]。

図 02-05 コッドによる「わからない」の分類

コッドの考えた4値論理の真理表は次のようなものです。aとiという2つの真理値が追加されています。

表02-03 コッドによる4値論理の真理表

x	NOT x
t	f
a	a
i	i
f	t

AND	t	a	i	f
t	t	a	i	f
a	a	a	i	f
i	i	i	i	f
f	f	f	f	f

OR	t	a	i	f
t	t	t	t	t
a	t	a	a	a
i	t	a	i	f
f	t	a	f	f

この4値論理をサポートしたDBMSは今のところ存在しませんが、さていかがでしょう。皆さんはこの4値論理の体系を使いやすそうだと思うでしょうか。「3値論理ですら手に負えないのに、4値論理なんて悪い冗談だ」というのが大方の意見ではないでしょうか。しかし一方で、理論的な厳密さを考えた場合、コッドによる「わからなさ」の分類学には一定の説得力を感じるのも正直なところです。私たちは一口に「わからない」と言いますが、「サングラスをかけている人の目の色（未知）」と「冷蔵庫の目の色（適用不能）」は異なる事態を表しており、NULLという一言で済ませるべきでない、という意見も説得力があると思います。未知が人間の認識の有限性に端を発するものであるのに対して、適用不能は「無意味」とか「論理的に不可能」というカテゴリに近いものです。現在のリレーショナルデータベースは、こうした区別には頓着せず、すべてをNULLという闇鍋に放り込むことで強引に解決を図っています。

増永良文の5値論理

日本のデータベース研究者である増永良文は、著書の中で独自の分類に基づく**5値論理**を提唱しています。彼によるNULLの分類は次の通りです[17]。

- unk：unknown（未知）
- dne：nonexistent（= does not exist）（存在しない）
- ni：non-information（情報がない）

---

[16] 図02-05を厳密に見ると、コッドは「その他（other）」という分類も考えていたのですが、この5番目の分類の内実がどのようなものであったか、明示的には語ってくれていません。彼が故人となった今となっては、永遠の謎となってしまいました。この図を厳密に受け取るならば5値論理が必要とされていたはずなのですが、コッドが5値論理に言及したという証拠も見つかっていません。

[17] 増永良文『リレーショナルデータベース特別講義』（サイエンス社、2024）p.44。増永は次の論文から着想を得たと述べています。Mark A. Roth, Henry F. Korth and Abraham Silberschatz. "Null values in nested relational databases", *Acta Informatica* 26. pp. 615-642. 1989

それぞれの具体例を挙げてみましょう。社員の属性として配偶者の名前があるとき、配偶者がいることはわかっているが現時点でその名前がわからない場合に、配偶者名欄にunkと記入します。配偶者のいない社員にはdneを使います。この2つはコッドの考えた未知と適用不能に近いものです。特徴的なのはniです。これは、配偶者がいるのかいないのかがそもそもわからないときに使います。unkと似ている気もしますが、与えられる情報量がunkより少ないという特徴を持ちます（unkは配偶者がいること自体は確定だが、niはそれすらわからない）。増永による分類木を次に示します。

図 02-06 増永による5値論理の分類木

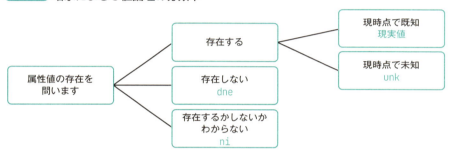

この分類に基づくと、true、unk、ni、dne、falseという5つの真理値による5値論理を考えることになります。これはNULLの持つ意味の細分化という点では、現在のリレーショナルデータベースやコッドの4値論理よりも厳密であることは間違いありませんが、一方で5値の論理演算の真理表がどうなるかというと、ANDやORのような2項連結子の場合、$5^2 = 25$パターンを考えねばなりません。これはエンジニアに相当な知的負荷を要求するものです。増永も5値論理における真理表を具体的に示していませんが、果たして3値論理ですら文句を言っている人類に扱いきれる代物だろうか、という強い疑念を抱かずにはいられません。

ANSIによるNULLの14分類

しかし、このくらいはまだ可愛いもので、世の中、上には上がいます。SQLの史上初めての標準化を行ったことでも知られる米国のANSI（米国国家規格協会）は、1975年にDBMSの標準アーキテクチャである「3層スキーマ」を提案した報告書の中で、NULLの意味を14種類に細分化しています[18]。

---

[18]増永・前掲注17、p.36。

1. Not valid for this individual (e.g., maiden name of male employee)
2. Valid, but does not yet exist for this individual (e.g., married name of female unmarried employee)
3. Exists, but not permitted to be logically stored (e.g., religion of this employee)
4. Exists, but not knowable for this individual (e.g., last efficiency rating of an employee who worked for another company)
5. Exists, but not yet logically stored for this individual (e.g., medical history of newly hired employee)
6. Logically stored, but subsequently logically deleted
7. Logically stored, but not yet available
8. Available, but undergoing change (may be no longer valid)
9. Available, but of suspect validity (unreliable)
10. Available, but invalid
11. Secured for this class of conceptual data
12. Secured for this individual object
13. Secured at this time
14. Derived from null conceptual data (any of above)

ここまでくると、良いとか悪いとかを超えて壮観な眺めです。日本語に訳してみると次のようになります。

1. この個人には妥当でない（たとえば、男性社員の旧姓）
2. 妥当だが、この個人にはまだ存在していない（たとえば、女性の未婚社員の結婚後の名前）
3. 存在するが、論理的に保存することが許されない（たとえば、社員の宗教）
4. 存在するが、この個人について知りえない（たとえば、社員の前職での勤務評定）
5. 存在するが、この個人について論理的にまだ保存されていない（たとえば、新たに雇用された社員の医療履歴）
6. 論理的に保存されているが、のちに論理的に削除された
7. 論理的に保存されているが、まだ利用可能ではない
8. 利用可能だが、更新中（おそらくもう妥当ではない）
9. 利用可能だが、疑わしい（信頼できない）
10. 利用可能だが、妥当でない
11. 概念的なデータのクラスに対して秘匿性が高い

12. 個別のオブジェクトに対して秘匿性が高い
13. その時点で秘匿性が高い
14. nullの概念的データ（上記のいずれか）から導出された

　中には意味をとりにくいものもありますが（11番、12番の"Secured"を「秘匿性が高い」と訳すのが妥当かどうか、いまいち自信がありません）、なかなか含蓄に富んでいる内容です。たとえば、1番と4番はコッドの分類に従えば適用不能と未知に相当します。一方で、データそのものの信頼性について述べた9番や10番は、そのあとのNULLに関する議論からは切り捨てられています。また、14番は、NULLの**伝播性**（NULLが演算の中に現れると結果が問答無用でNULLになる）の原則の萌芽とも見てとれます。疑わしいデータから導かれた結論は、すべてが疑わしくなるということです。また、3番の宗教の事例のように、政治的な正しさ（ポリティカル・コレクトネス）が当時から意識されていたというのも、現代的な観点を先取りしていて、非常に興味深いものです（一方で1番のように、結婚で姓が変わるのは女性に決まっているという時代的な先入観が見てとれるところもあります）。

　この分類の1つずつに真理値を割り当てると、**16値論理**が爆誕してしまうわけです（trueとfalseも加えるので）。さすがにそのような破壊的理論に手を出す人間はいなかったようで、現在ではこのANSIの仕事も歴史の闇に埋もれていますが、リレーショナルデータベースの黎明期からすでに「わからないとはどういうことか、どんな種類があるのか」という難問に当時の識者たちが強く惹きつけられていたことを示す史料です。

達人への道

データベースは「わからない」とはどういうことかを考える分野

本節では「わからなさ」についての分類学として、増永による5値論理の体系とANSIによるNULLの分類学について見てきました。現在のリレーショナルデータベースは3値論理を採用しているため、この両者は理論的検討の段階を出ていませんが、読者の皆さんはどのように感じたでしょうか。ある種の説得力を感じた方もいると思いますし、「とてもついていけない」と感じた人もいると思います。データベースと認識論の結びつきの強さを示す一例として楽しんでもらえたならば本節の目的は達せられました。

02-05 結合アルゴリズムのカラシニコフ

　SQLが実行されるとき、オプティマイザが実行計画と呼ばれるデータへのアクセスプランを立てることは、読者の皆さんもご存じだと思います。このアクセスプランは9割程度はうまく最適なプランが立てられるのですが、残り1割は非効率なものになり、人間が補正しないと性能が出ません（この数値は肌感覚なので参考程度に受け取ってください）。そのとき、最も性能問題の温床になるのが結合です。結合のアルゴリズムは大きく3種類あり、場面場面に応じて最適なものを選択する必要があります。本節では、これらのアルゴリズムについて動作原理を見ていくことで理解を深めます。

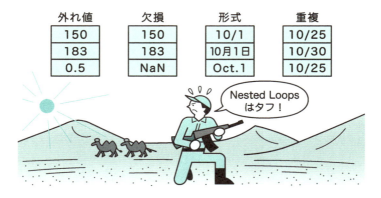

結合アルゴリズムの動作を見てみる

　SQLで結合を行う際に選択される可能性のあるアルゴリズムには、大きく以下の3つがあります。

- Nested Loops
- Hash
- Sort Merge

これらにはいくつかのバリエーションがあり、たとえばNested Loopsには1行ずつ処理するのではなくバッチ的に複数行をまとめて処理するような派生アルゴリズムが選択されることもあります[19]。また、すべてのDBMSがすべての結合方式をサポートしているわけではなく、MySQLのようにSort Merge結合を持っていないDBMSもあります。

　SQLのチューニングにおいては、これら3つのアルゴリズムを状況に応じて正しく選択できるようになることが必要となります。そこで本節ではそれぞれがどのような動作をしているのかを見ていきます。そして、各アルゴリズムの**計算量**を把握することで、それぞれの利点と欠点を理解します。

　本節では、特にSQLのパフォーマンスを考えるうえで重要なNested LoopsとHashに焦点を当てて解説します（Sort Mergeは実はほとんど出番がないため省略します）。

Nested Loops ─ RDBのカラシニコフ

　まず最初に見るのは結合アルゴリズムの中でも基本中の基本、Nested Loopsです。このアルゴリズムは、動作は極めて単純でありながら、多くのケースにおいて「まあまあ速い」速度を提供するオールラウンダーのため、非常に使い勝手のよいアルゴリズムとなっています。おそらく皆さんが書いた結合クエリにおいても第一選択肢となるのはこのNested Loopsだと思います。

　動き方としては、最初に片方のテーブルを読み込み、その1行のレコードに対して、結合条件に合致するレコードをもう一方のテーブルから探します。手続き型言語で書くと二重ループで実装するので、「入れ子ループ」という名前がついています（SQLでは常に2つのテーブルしか結合対象としないので、「入れ子」といっても「二重」と同義です）。

図 02-07 Nested Loops

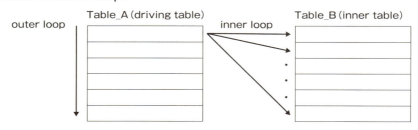

[19]OracleのBatching Nested LoopsやMySQLのBatched Key Access Joinが該当します。

> **Nested Loops の実行計画（Oracle）**

```
---------------------------------------------------------------------
| Id | Operation            | Name        | Rows | Bytes | Cost (%CPU)| Time     |
---------------------------------------------------------------------
|  0 | SELECT STATEMENT     |             |    6 |   150 |   10 (0)| 00:00:01 |
|  1 |   NESTED LOOPS       |             |    6 |   150 |   10 (0)| 00:00:01 |
|  2 |     TABLE ACCESS FULL| DEPARTMENTS |    4 |    32 |    3 (0)| 00:00:01 |
|* 3 |     TABLE ACCESS FULL| EMPLOYEES   |    2 |    34 |    2 (0)| 00:00:01 |
---------------------------------------------------------------------
```

※解説の都合上、意図的に全表走査の実行計画にしています。

Nested Loopsの動作は以下のようになります。

1. 結合対象となるテーブル（Table_A）を1行ずつループしながらスキャンする。このテーブルを駆動表（driving table）または外部表（outer table）と呼ぶ。もう一方のテーブル（Table_B）は内部表（inner table）と呼ぶ。
2. 駆動表の1行について、内部表を1行ずつスキャンして、結合条件に合致すればそれを返却する。
3. この動作を駆動表のすべての行に対して繰り返す。

このNested Loopsには、次のような性質があります。

- Table_A、Table_Bの結合対象の行数をそれぞれn、mとすると、アクセスされる行数はn×mとなる。Nested Loopsの実行時間はこの行数に比例する。
- 1つのステップで処理する行数が少ないためワーキングメモリをあまり消費しない「エコ」なアルゴリズム。これは次に見るHashやSort Mergeにない長所であり、特にOLTPで好んで利用される理由になっている。
- どんなDBMSでも必ずサポートされている。

これらの使い勝手の良さから、著者はNested Loopsを「**RDBのカラシニコフ**」と呼んでいます。

カラシニコフ（AK-47）は、ミハイル・カラシニコフが設計しソビエト連邦で制式採用された自動小銃で、実戦の苛酷な使用環境や戦時下の劣悪な生産施設での生産可能性を考慮し、卓越した信頼性と耐久性、高い貫通力、高い生産性を実現した名銃として知られています。「どんな悪環境でも一定のパフォーマンスを発揮する」という点がNested Loopsとよく似ていると著者は思います。

鍵は、二重ループの外側と内側のループの処理が非対称なことにあります。

Nested Loopsの性能を改善するキーワードとして「**駆動表に小さなテーブルを選ぶ**」

という言葉を聞いたことのある人もいると思います。これは大方針として間違いではないのですが、実はある前提条件がないと意味がないので、なぜ駆動表が小さいほうが性能的に有利なのか、それが意味を持つ条件は何なのか、その理由をここで理解しておきましょう。

実際、上で解説したNested Loopsの仕組みを前提とすると、駆動表がどちらのテーブルになっても、結局のところアクセスされる行数はn×mで表現されるのだから、駆動表が小さかろうが大きかろうが、結合コストに違いはないように思われます。実は、この「駆動表を小さく」という格言には、次のような暗黙の前提が隠れています。

内部表の結合キーの列にインデックスが存在すること

もし内部表の結合キーの列にインデックスが存在する場合、そのインデックスをたどることによって、DBMSは駆動表の1行に対して内部表を馬鹿正直にループする必要がなくなります。いわば内部表のループをある程度スキップできるようになるのです。

図02-08 内部表にインデックスがある場合のNested Loops

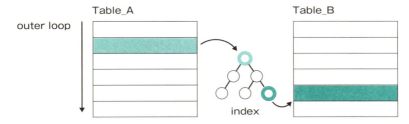

これによって、Nested Loopsの処理速度は飛躍的に高速なものになります。Nested Loopsが結合のアルゴリズムとしてファーストチョイスになる理由は、この特性によるものです。インデックスが利用できるようになると、線形に比例していた性能が**対数関数的**に変化し、劇的な高速化が可能になります。インデックスについては次節で詳しく取り上げます。

Hash — バッチ処理で大活躍

次に見るのはHashというアルゴリズムです。Hashはデータベース以外でも、システムの世界ではよく使われます。代表的な使い方としては、データ改ざんの有無のチェックや、電子データを送信する際の本人証明などがあります。ハッシュ値は、**入力**

元のデータが1文字でも違えば異なる値になるため、送信した側と受信した側がハッシュ値を比較すれば、データが同一かどうかわかるという仕組みです。

　今ハッシュ値という言葉を使いましたが、入力に対してなるべく一意性と一様性を持ったハッシュ値を出力する関数をHash関数と呼びます。Hash結合は、まず小さいほうのテーブルをスキャンし、結合キーに対してHash関数を適用することでハッシュ値に変換します。その次に、もう一方の(大きな)テーブルをスキャンして、結合キーがそのハッシュ値に存在するかどうかを調べる、という方法で結合を行います。つまりHash結合は、①ハッシュテーブルを作る対象のテーブルのスキャン、②ハッシュテーブルの作成(ビルド)、③ハッシュテーブルの走査(プローブ)という3つの段階を踏んで行われるのです。

図 02-09 Hashの動作イメージ

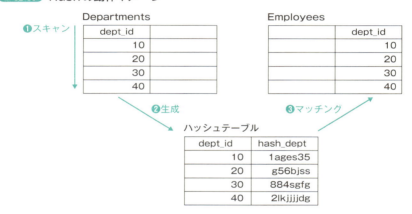

```
Hash 結合の実行計画（Oracle）
---------------------------------------------------------------------
| Id | Operation          | Name        | Rows | Bytes | Cost (%CPU)| Time     |
---------------------------------------------------------------------
|  0 | SELECT STATEMENT   |             |   6  |  324  |   7  (15)  | 00:00:01 |
|* 1 |  HASH JOIN         |             |   6  |  324  |   7  (15)  | 00:00:01 |
|  2 |   TABLE ACCESS FULL| DEPARTMENTS |   4  |   88  |   3   (0)  | 00:00:01 |
|  3 |   TABLE ACCESS FULL| EMPLOYEES   |   6  |  192  |   3   (0)  | 00:00:01 |
---------------------------------------------------------------------
```

RDB・SQL の論理 02

Hashの主な特徴は次の通りです。

- 結合テーブルからハッシュテーブルを作るために、Nested Loopsに比べるとメモリを多く消費する。
- このことから、メモリ内にハッシュテーブルが収まらないとストレージを使用することになり、遅延が発生する。
- 出力となるハッシュ値は入力値の順序性を保存しないため、等値結合でしか使用できない[20]。

Hashが有効なケースとしては、次のような場合が考えられます。

- Nested Loopsで適切な駆動表（すなわち相対的に十分に小さいテーブル）が存在しない場合
- 駆動表として小さいテーブルは指定できるが内部表のヒット件数が多い場合
- Nested Loopsの内部表にインデックスが存在しない（かつ諸事情によりインデックスを追加できない）場合

一言で言えば、Nested Loopsが効率的に動作しない場合の次善策がHashです。

ただし、Hashにも注意すべきトレードオフがあります。第一に、最初にハッシュテーブルを作る必要があるため、Nested Loopsに比べて消費するメモリ量が大きいことです。したがって、同時実行性の高いOLTP処理のSQLでHashが使われると、DBMSの利用できるワーキングメモリが枯渇してストレージ（一時ファイル）が使用され、遅延が発生するリスクを伴います。これを俗に「**TEMP落ち**」と呼びます[21]。したがって、OLTPでのHashの使用は極力避け、同時併走する処理の少ない夜間バッチ、またはBI/DWHのようなスループットの低いシステム（＝あまり多数のSQL文が実行されていないシステム）に使いどころを限定するのがHashを使うときの基本戦略です。

---

[20]MySQLでは必ずしも等値結合でなくてもHashが利用できます。
[21]たとえばMySQLのマニュアルでは次のように書かれています。「もしハッシュ結合に必要とされるメモリが利用可能な上限を超えた場合、MySQLはディスク上にファイルを作って処理を行おうとします。」MySQL 9.0 Reference Manual 10.2.1.4 Hash Join Optimization：https://dev.mysql.com/doc/refman/9.0/en/hash-joins.html

137

図 02-10 TEMP落ち

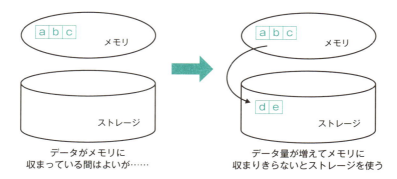

データがメモリに収まっている間はよいが……　　データ量が増えてメモリに収まりきらないとストレージを使う

　Oracle、MySQL、PostgreSQLのワーキングメモリを指定するパラメータは以下の通りです。

- **Oracle HASH_AREA_SIZE デフォルト値：2 × SORT_AREA_SIZE**
  https://docs.oracle.com/cd/F19136_01/refrn/HASH_AREA_SIZE.html
  ※SORT_AREA_SIZEの初期値は64KB。
- **MySQL join_buffer_size デフォルト値：256KB**
  https://dev.mysql.com/doc/refman/9.0/en/server-system-variables.html#sysvar_join_buffer_size
- **PostgreSQL work_mem デフォルト値：4MB**
  https://www.postgresql.org/docs/current/runtime-config-resource.html#GUC-WORK-MEM

　一見してわかるように、Hash結合に使われるメモリ領域のデフォルト値は**非常に小さく**、大きなテーブル同士の結合を行うと簡単にTEMP落ちが発生します。これはどのDBMSもHashを使うことは稀であるという前提で初期状態がセットされていることを意味しています。そのため、もし読者の皆さんが開発しているシステムで大きなHash結合を行うことが予想される場合は、あらかじめこれらのメモリ領域を引き上げておくことが望ましいです[22]。

---

[22]Oracleの場合、通常は直接HASH_AREA_SIZEを変更することはせず、PGA_AGGREGATE_TARGET（バージョン9iより導入）を使用して自動サイズ指定を行います。

結合アルゴリズムの計算量

3つの結合アルゴリズムを見てきましたが、それぞれの速度はどのような関係になるでしょうか。これはデータ量や値の分散にも影響を受けるため一概には言えないのですが、大雑把な計算時間を把握することでざっくりした比較はできます。

Nested Loopsの計算量

まず、内部表にインデックスが存在しない場合、Nested Loopsの計算量をランダウの記号Oを使って表すと$O(n \times m)$です。もしここでnとmが同数だとすれば、$O(n^2)$です。しかし、もし内部表の結合キーとなる列にインデックスが存在する場合、インデックスアクセスの計算量は$\log n$に比例するため、計算量は$O(n \times \log n)$へと改善します。

Hash結合においては、各テーブル1回ずつデータを読み出せばいいので、計算量は$O(n+m)$です。やはり$n = m$と仮定すれば$O(2n)$となります。ただし、Hash結合では前述のようにワーキングメモリを大きく消費するためクエリ多重度の高い環境ではTEMP落ちのリスクが高くなります。したがって、二番手である(インデックスありの)Nested Loopsが第一選択肢となるのです。

達人への道

結合アルゴリズムの理解は必修科目

SQLにおける結合は、「結合を制する者はSQLを制す」と言っても過言ではないくらいパフォーマンス上で重要な演算です。SQLは極力ユーザから具体的な実行アルゴリズムを隠蔽しようと努力している言語ですが(**01-02節**参照)、DBMSはまだ必ずしも最適な実行計画を選択することができるわけではありません。そのため、時として中途半端に隠蔽された実行計画をのぞいて、人間がヒント句を使ってマニュアルで実行計画を補正してやる必要があります[23]。その時、特に重要になるのが結合のアルゴリズムです。プロフェッショナルなDBエンジニアを目指すのであれば、結合アルゴリズムの理解とその適切な選択は、避けては通れない「必修科目」と言ってよいでしょう。

---

[23]たとえばSQL Serverのマニュアルでは次のように書かれています。「通常、クエリにとって最適な実行プランがSQL Server クエリ オプティマイザーによって選択されるため、ヒントは、経験を積んだ開発者やデータベース管理者が最後の手段としてのみ使用することをお勧めします。」「クエリ ヒント (Transact-SQL)」: https://learn.microsoft.com/ja-jp/sql/t-sql/queries/hints-transact-sql-query?view=sql-server-ver16

02-06

RDBは滅びるべきなのか

　ITの世界では、リレーショナルデータベース廃止論というのが定期的に盛り上がります（大体10年周期）。そのたびに新たなデータモデルを持つデータベースが登場するのですが、あるものは消え、あるものはニッチな領域に落ち着くなどして、リレーショナルデータベースの牙城を脅かすに至る製品というのは、現在に至るまで現れていません。その理由はリレーショナルデータベースの内部でも新陳代謝が起きており、新たな技術が次々に採用され、進化を遂げているからです。本節ではその一例としてインデックスの進化を取り上げたいと思います。

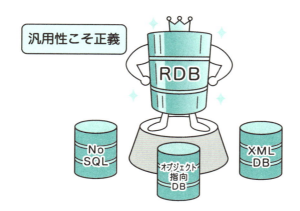

長生きな嫌われ者

　リレーショナルデータベース（とSQL）は一部のエンジニアからとかく評判が悪く、こんなデータベースはないほうがよいのだ、という意見がしばしば提出されます。中にはデータベースそのものを不要とする議論もありますが、その意見に対しては**01-01節**で反論しましたので、ここではデータベースは必要だがリレーショナルモデルとは異な

RDB・SQL の論理　02

るモデルのデータベースによって置き換えられるべきだ、という意見について検討して
いきたいと思います。

リレーショナルデータベースは、過去に少なくとも3回、異なるモデルのデータベー
スからの挑戦を受けました。1度目が1990年代後半のオブジェクト指向データベース、
2度目が2000年代前半のXMLデータベース、そして3度目が2010年前後のNoSQL
です[24]。

このうち、はっきりとメインストリームとなるべく開発されたのはオブジェクト指向
データベースで、残りの2つがどの程度リレーショナルデータベースにとって代わろう
という「野望」を自覚的に持っていたのかは判然としないところがあるのですが、周囲
から大きく期待されたという点では、この3つです。その結果がどうであったかという
と、オブジェクト指向データベースはまったく普及せず、XMLデータベースはニッチ
な領域に活路を見出し、NoSQLはRDBと機能的に双方が歩み寄り、補完的関係に落
ち着きました。現在では、リレーショナルデータベース（とそれに伴うSQL）を廃棄し
ようという動きはほとんどなく、どちらかというと、これらが使われていることを隠蔽
しようという戦略に舵が切られています（この動きについては**03-04節**で詳しく見ま
す）。C. J.デイトが述べたように、リレーショナルデータベースの地盤はいまだ盤石の
ように思われます[25]。

‖

　筆者が思うに、リレーショナルモデルは盤石であり、「正当」であり、これから
も存続するだろう。今から数百年後のデータベースシステムが依然としてCoddの
リレーショナルモデルに基づいている様子が目に浮かぶようである。

‖

目立たない生命線

なぜオブジェクト指向データベースやXMLデータベースがうまくいかなかったのか
[26]、というのはそれ自体興味深い問いですが、同時に難しい問いでもあります。様々
な考察が行われており、十人十色の「学説」が提示されていますが、おそらく大きな要
因だったのだろうという点で一致しているのが、パフォーマンスです。データベースは
システムを構成するコンポーネントの中でも最大の（そして増え続ける）データ量を扱
うソフトウェアであり、常に性能との戦いです。性能がリレーショナルデータベースほ

[24] これ以外にも細かく見ると、非リレーショナルなデータベースとしては、多次元データベースなどがあるのです
が、これらは元々ニッチな領域を狙った製品であり、リレーショナルデータベースにとって代わろうという目
論見はなかったので、ここでは考察から除外します。
[25] C. J. Date『データベース実践講義』（オライリー・ジャパン、2006）p.183
[26] XMLをデータ入出力に用いてOSやファイルシステム全体をオブジェクト指向化しようという壮大な試みも
Microsoft社によって何度か行われましたが（Cairoというプロジェクトが代表的です）、これらも道半ばで中止さ
れました。

141

ど出ない、その結果実用に耐えない、ということがノックダウン条件になったのだ、という説です。オブジェクトやXMLはリッチな情報を保持できるフォーマットですが、その分パースなどに長時間を要する「重い」データ様式です（これに対し、NoSQLは最初からインメモリ構成やKVSなどパフォーマンスを強く意識するアーキテクチャで一定の成功を収めました）。

これに対してリレーショナルデータベースは、超高速というほどではないにせよ、比較的乱雑にテーブルを作った場合でも、多くのユースケースにおいてまずまず速いという平均点の高さを見せます。そのとき重要な役割を果たすのが、インデックス、特にB-Treeインデックスです。インデックスは多くのユーザが日常的に利用しているツールだと思いますが、この何気ない道具こそが、リレーショナルデータベースをメインストリームに押し上げ、現在まで生き永らえさせているとも言えるでしょう。リレーショナルデータベース登場初期は、パフォーマンスがネックでなかなか普及しなかったという証言があります[27]。

> 以前は情報システム部門の若手が時代に先がけてリレーショナルデータベース管理システムの導入を提案しても、上司がそれを斥けてきた。システムのパフォーマンスが良くないことが大きな理由の一つだったと聞いている。

テーブルというシンプルで柔軟性に富むデータ形式や、SQLという直感的なインタフェースがリレーショナルデータベースの躍進を支えたのだ、という意見にも説得力はありますし、実際そういう面もあるとは思いますが、**RDBの救世主となったのはB-Treeインデックスだった**と言っても過言ではないでしょう。B-Treeは1970年に世に出たため[28]、もう50年前のアルゴリズムですが、それが現在も第一線で利用されているのは驚きです。

幅広い名手

デイトはB-Treeを「幅広い名手」と呼びましたが、B-Treeインデックスの最大の特徴はまさにその汎用性の高さにあります。飛び抜けて性能が良いわけではないのですが、様々なケースに対応できるユーティリティプレイヤーなのです。私たちは普段息をするように無意識にB-Treeインデックスを利用していますが、あまり難しいことを考

---

[27]増永良文『リレーショナルデータベース入門 初版』（サイエンス社、1991）p.12
[28]B-Treeを世に送り出した論文はウェブで読むことができます。R. Bayer and E. McCreight, 1970, "ORGANIZATION AND MAINTENANCE OF LARGE ORDERED INDICES"：https://infolab.usc.edu/csci585/Spring2010/den_ar/indexing.pdf

えなくても（雑に扱っても）、ほとんどトレードオフを発生させることなく劇的な性能改善が可能です（中にはインデックスオンリースキャンのようにピーキーなチューニング手段もありますが、これは例外です）。

図 02-11 B-Tree は汎用性が高い

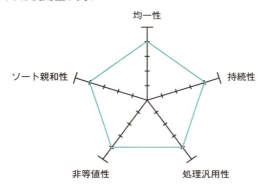

1. 均一性（4点）：各キー値の間で検索速度にバラツキが少ない
2. 持続性（4点）：データ量の増加に比してパフォーマンス低下が少ない
3. 処理汎用性（4点）：検索／挿入／更新／削除のいずれの処理もそこそこ速い
4. 非等値性（4点）：等号（=）にかぎらず、不等号（<、>、<=、>=）を使ってもそこそこ速い
5. ソート親和性（4点）：GROUP BY、ORDER BY、COUNT/MAX/MINなどソートが必要な処理を高速化できる

　特にB-Treeインデックスが優れていた点が、**2**の持続性です。B-Treeインデックスは、検索対象のデータ量が増えていってもパフォーマンス劣化が少ないアルゴリズムとして知られています（**対数関数的**と表現します）。これがビッグデータ時代においても、リレーショナルデータベースが対応できた最大の理由と言っても過言ではないでしょう。
　ただ、B-Treeも万能というわけではなく、上図のように比較的検索に強いのはおわかりいただけたと思いますが、更新に対してはオーバーヘッドの大きいアルゴリズムです。これは、新たなキー値を木に追加するときにデータを上書きする必要があるため、木の組織を部分的にですが変更する必要が生じるためです。そのため、書き込みのレスポンスタイムが悪く、スループットがあまりスケールしないという弱点を抱えています。これは特にストレージとして低速のハードディスクしかない時代にはハンディキャップでした。

新しいインデックス構造 — LSM インデックスの登場

近年、新たなリレーショナルデータベースの一形態である**NewSQL**の登場とともに、**LSM Tree**（Log-Structured Merge-Tree）というインデックスアーキテクチャが普及しつつあります（NewSQLについては**03-01節**、**03-02節**で詳しく取り上げます）。これはB-Treeの欠点である更新性能を改善できるという点で、近年脚光を浴びているインデックスのアーキテクチャです。LSMは更新が発生した場合、メモリ上でのランダムWriteをシーケンスWriteに変換して、**追記型**の処理として実行します。これによってB-Treeのときに発生していたデータ上書きを抑制しています。

Treeという言葉が表すように、LSM Treeも木構造（階層構造）です。少し変わっているのが、まずメモリ上の木C0に対してシーケンシャルな書き込みを行い、バックグラウンド処理でストレージ上の木C1、C2、……へMerge処理を行うという動作をします。この動作を**コンパクション**と呼びます[29]。

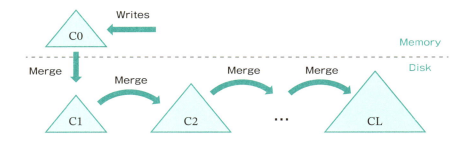

図 02-12 LSM

LSMは書き込みが行われると木のMergeを行う

データが削除された場合には、直接データを削除するのではなく、まずC0に「墓標（tombstone）」と呼ばれるフラグを書き込み、この墓標がのちにC1、C2……といったストレージ上の木に対して伝播していくことで、最終的にコンパクション処理によって回収されます。この処理は**01-12節**で見たPostgreSQLのVACUUMにイメージ的に近いものがあります。PostgreSQLも追記型の処理を行うことで、削除されたデータに削除マークをつけて、のちに空き領域として回収するという動作をします。

---

[29]Mohiuddin Abdul Qader, Shiwen Cheng, Vagelis Hristidis, 2018, "A Comparative Study of Secondary Indexing Techniques in LSM-based NoSQL Databases". : https://www.cs.ucr.edu/~vagelis/publications/LSM-secondary-indexing-sigmod2018.pdf

RDB・SQL の論理 02

　このように書き込み処理の性能に優れるという点で、LSM Tree は NoSQL や NewSQL のストレージとしてよく利用されるようになりました。一方で、B-Tree が更新時に値を書き換えていたのに対して、LSM Tree は追記型の特性として更新を繰り返していくことで、同じキー値に紐づくバージョンの異なる値が出てきます。そのため、参照時に複数のバージョンの値に対してスキャンが発生すると、読み取りの性能が悪くなりやすいという欠点を抱えています。こうした欠点を補うための技術もいくつか考えられており、Bloom Filter のような洗練されたアルゴリズムが採用されています[30]。

達人への道

リレーショナルデータベースの生命線はインデックスにあり

RDB はかつてはテーブルと SQL という直感的なデータ構造とインタフェース、および検索性能を飛躍的に向上させた B-Tree を武器にしてシステムの世界を席巻しました。いくつかの異なるデータモデルのデータベースから挑戦を受けますが、いまだにメインストリームの座を譲ってはいません。それどころか、LSM Tree という新しいアーキテクチャを採用することで NewSQL という勢いのある製品群が登場してきています。RDB は滅びるどころかいまだ意気軒高、活躍の場を広げています。NewSQL については **03-01節**、**03-02節** で見たいと思います。

---

[30] Bloom Filter は、1970年に Burton Howard Bloom によって考案された確率的データ構造で、ある値が集合の要素であるかどうかをテストするために使用される Hash 関数を応用した技術です。偽陽性はありえるが偽陰性はありえないという特性を持っており、そのため、クエリに対して「おそらく集合に含まれる」か「間違いなく集合に含まれない」のどちらかを返します。後者が返された場合は当該のファイルを検索対象からスキップすることが可能になり、効率的な検索が可能になります。

02-07 ビッグデータが変えたもの

　ビッグデータという言葉が登場してある程度の時間が経ちました。この言葉はすでにバズワードの域を脱し、システム開発の現場でも当たり前の概念となり、一般的な用語として定着しました。近年はむしろAIの登場によって脇に追いやられている感すらあります。本節では、この概念がエンジニアリングの世界にもたらした革命的な2つのパラダイムシフトが何であったのかを振り返ります。

ビッグデータが成し遂げたパラダイムシフト

　ビッグデータという言葉はすでにバズワードの域を脱し、ビジネスシーンでも物珍しい概念というわけではなくなりました。この言葉を誰がいつ使い出したのか、というのは諸説あり、特定することが意外に難しいようです。ビッグデータの特性は、2001年にガートナー社のアナリストが示した3つの「V」が多くの人に広く知られています。

- **Volume（量）**
- **Velocity（速度）**
- **Variety（多様性）**

　1つ目のVであるVolumeについては、情報システムのキャパシティによって変わりますが、2024年現在では数百テラバイトからペタバイト級のデータであれば、文句なくビッグデータと呼ぶことができるでしょう（実際にはそこまで大量のデータを持つユーザは少なかった、というのがブーム終焉の一因なのですが）。2つ目のVであるVelocityについては、2つの含意があります。それはデータの演算処理を高速に実行できる必要があるという意味と、データが蓄積されていく速度が非常に速いという意味です。近年、データの世界的な総量は加速度的に増加しており、防犯・遠隔監視カメラデータ、レジ端末でのPOSデータや各種センサーデータの急激な増加が拍車をかけています。

　3つ目のVであるVarietyについては、従来の文字や数値情報にかぎらず、画像や音声、動画といった非構造データの増加がここ10年間の大きな変化として挙げられるでしょう。特に生成AIが、こうした大量の非構造データを学習のための入力として必要とすることが大きな要因となっています。

　このような特性を持つビッグデータが、私たち人間の認識にもたらした変革がどのようなものであったかというのを振り返ると、それは次の2点に集約されるように思います。

因果から相関へ

　1つ目は、物事のつながりを把握するための考え方が、因果から相関へと変わったことです[31]。従来、私たちが将来を予測しようとするとき、その方法論はエンジニアリング（工学）的なものでした。因果関係を表す法則性を見つけ出してモデルを作り（数式にまで落とせればベスト）、結果に影響を与える因子をすべて洗い出す。このあとはモデルに入力パラメータを与えれば結果が得られます。もし予測精度が悪ければ、それはモデルが間違っているか入力値がウソだったかのどちらかです。このような「原因→結果」世界観においては、何よりも原因とそれが作用するプロセス（→の部分）を突き止めることが非常に重要でした。別に研究者だけがそうしているわけではなく、普通に仕事や勉強をしている我々ですら、「このミスはなぜ起きたのか？」「英語の成績を上げるには単語力が足りない」「中軸さえ立ち直れば今年の中日ドラゴンズはもっとやれるはずだ」など、「原因→結果」の考え方をベースに思考しています。

　ビッグデータのパラダイムはこれとは違い、ベースになるのは**相関関係**です。複数の

---

[31] この因果から相関への変化という観点は、次の書籍から教えられました。ビクター・マイヤー＝ショーンベルガー、ケネス・クキエ（斎藤栄一郎訳）『ビッグデータの正体』（講談社、2013）。

変数が互いに連動しているかどうか、という事実に着目します。もちろん、そこには因果があるのかもしれないけれど、そこまで突き止めるのは難しかったり、どういうメカニズムで相関しているのかブラックボックスだったりすることが珍しくありません。「あなたは5年以内にガンになる確率が90%です」という分析結果に対して、「何を根拠にそんなことを」と医師に詰め寄っても満足のいく因果的な説明は期待できません。いい加減な話だな、という気もしますが、「メカニズムがわからなくても役に立つなら使ってしまえ」の精神で多くの技術は社会に受け入れられているわけです。統計分析もその予測精度が認められることで、ブラックボックスのまま浸透していきました。一部の麻酔のように、何で効くのかよくわからないけれど、経験的に「効く」ということだけわかっているので医療現場で使われているという技術と同じです。

　このパラダイムは、現在の生成AI全盛時代においても脈々と受け継がれています。私たちは、生成AIの出力に対してもはや、因果的なアプローチでは理解することができません。本質的に確率的なアルゴリズムで動作するAIが、"なぜ"そのような結果を生み出したのか、もうそのブラックボックスの中身を理解することはできないからです。

不正確さの許容

　2つ目の変化は、IT業界で仕事をする著者がひしひしと感じるものですが、一言で言うと、多少間違ったデータを使っても許される、という非常に緩い要件に変わってきたことです。大量のデータを利用しようとすると、それに比例して間違ったデータや破損したデータなどもある程度含まれることになります。スモールデータを扱っていたときは、こうしたデータを除去したり補正したりする**データクレンジング**という処理が分析の前処理として重要な意味を持っていました。ただでさえ少量のデータなのだから、なるべく分析の精度を高めるためにも、間違ったデータを除去したり補正したりして、きれいで完璧な状態にすることが求められました。このクレンジングの工程は前処理とも呼ばれ、前処理のほうが本家の分析業務よりも膨大な工数がとられてしまうことを自嘲して、冗談交じりに「マエショリスト」を名乗る人もいました（今もいるかもしれませんが）。

　しかし、ビッグデータにおいては結果のすべては統計的に決まるため、十分に大きな母集団のデータが取得できていれば、多少の誤りや外れ値が入っていても大勢に影響しない、という考え方をします。以下、前掲書を引用します[32]。

❙❙
　　ビッグデータの世界に足を踏み入れるためには、「正確＝メリット」という考え方を改める必要がある。「測定」に対する従来の考え方をデジタル化・ネットワー

---

[32]ショーンベルガー、クキエ・前掲注31、p.67

ク化の21世紀にそのまま持ち込むと、重要な点を見落とす。正確さに執着する行為は、情報量の乏しいアナログ世界の遺物だ。

スモールデータの世界（ほとんどの業務系システム）では、1円単位、一言一句、整合性がないと許されません。2024年に江崎グリコが倉庫内とシステムの在庫数が一致せず、主力商品の出荷停止に追い込まれたことは記憶に新しいでしょう。ビッグデータの世界では、このルールがひっくり返ります。

この変化もAIの登場によって、ますます進んでいるように思われます。生成AIは100%確実な結果は返してくれません。時に平然とウソをつくこと（ハルシネーション）が知られています。しかも、その理由が必ずしも判然としません。しかし、私たちはそれをある程度受け入れてでもAIの活用を進めようとしています。このような「間違いの許容」という文化は、スモールデータを扱っている際には見られなかったものです。AIも巨大な学習データに依拠しているという点で、正しくビッグデータの正嫡です。その中には出自の怪しいデータや、明らかに間違っているデータも含まれているでしょうが、AIはそれらを気にすることなく呑み込んでいきます。

達人への道

パラダイムシフトに遅れるな

本節ではビッグデータの登場によって起きた、人間の認識に関する「因果から相関へ」「不正確さの許容」という2つのパラダイムシフトを取り上げました。この2つの変化は、おそらく不可逆なものでしょう。もちろん「原因→結果」の因果律パラダイムは、人類が何百万年という進化の過程で獲得してきた特性であるため、私たちがすべてのシーンにおいてこのモデルを即座に放棄することは考えられませんが（今でも多くのシーンにおいてこのモデルは有用です）、その考え方が通じない領域が登場したことは疑いありません。不正確さの許容というパラダイムシフトにも同じことが言えます。その2つの変化は、AIの隆盛によってますます促進されていくことが予想されます。私たちエンジニアも、常識のアップデートが求められているのです。

COLUMN 日本人にスーパーデータベースは早すぎる?

03-03節でHTAPという統合データベースのコンセプトについて紹介します。

HTAPを一言で表すなら、基幹系と情報系のデータベースを統合することでリアルタイム分析(継続的インテリジェンスとも呼ばれます)を可能にするという、データベース界が追い求める見果てぬ夢です。もしこのようなスーパーデータベースが誕生したら、たとえばライブコマースを行ないながら顧客の反応を見てキャンペーンをリアルタイムに打つ、といった高度なオペレーションが可能になり、それはそれですごい世界観です。グローバルで見れば、すでにそういう先進的なことをやっている事業者が、少数ですが存在します。

このHTAPというコンセプトは、長らくそれを実現する技術が乏しくなかなか広まらなかったと言われていますが、これは需要がないから技術が発展しなかったのか、技術がないからビジネスが生まれなかったのか、鶏と卵の関係のように解釈の難しいところがあります。需要があればとっくに実現していたと言われる反面、インターネットができたことでECやSNSといった巨大なビジネスが生まれたという事例もあります。HTAPもそうかもしれません。

しかし、著者の個人的な見解としては、HTAPはまず日本人には受け入れられないだろうな、と思っています。それくらい日本人は基幹系を守る意識が強く、なるべく他のシステムから切り離しておこうとするからです。HTAPという概念は、「基幹系が落ちるなんて雨が降るのと同じだ」くらいに思う米国人の専売特許ではないかと思います。

著者は若い頃、日本の巨大ECサイトの米国進出を支援するプロジェクトで働いたことがあります。そのフロントエンドは米国企業が開発していたのですが、彼らに非機能や信頼性という概念はありませんでした。ECにはサーバに負荷集中したりサーバダウンしたときに表示するソーリーページというものがあるのですが、そこには雨の日に傘をさした人のイラストが描いてあり、「人生たまにはこんな日もあるさ」というメッセージが添えられていました。それを見たときに、著者は「こいつらのセンスは嫌いではないが、一生わかり合えないな」と思ったものです。まったく、特売日にサーバがダウンしたら何億円の損害が出ると思っているのか。

そんなわけで、著者はHTAPには懐疑的です。しかし、技術的には興味深いアーキテクチャ上の工夫があるため、Chapter03で詳しく見ていきたいと思います。そのうえで、読者の皆さんも、もう一度このコラムの内容を考えてみてください。

Chapter **03**

RDB・SQL進化論

　Chapter03では、データベースの未来について取り上げます。近年、RDBとNoSQLの間に存在したトレードオフを止揚しようとする、NewSQLと呼ばれるデータベースの一群が登場してきています。「真のクラウドネイティブ」データベースを謳うNewSQLがどのようなアーキテクチャや仕組みに基づいているのか、そのユースケースは何なのかを見ていきます。また、基幹系と情報系の統合を夢見るHTAPや、最近立て続けに公表されたAIによるクエリジェネレータがデータベースの世界にもたらすものが何か、といったトピックも見ていきます。

03-01

ネクストRDB — NewSQLの実力

　ここ数年でNewSQLという新たなデータベースに注目が集まっています（NewSQLという名前はわかりにくいので著者は好きではないのですが、定着してしまったので本書ではこの名称で通します。本当は「クラウドネイティブ・データベース」とか「分散データベース」のほうがよいと思います）。RDBが持つSQLやトランザクションのACID特性という利点と、NoSQLが持つスケーラビリティという利点のいいとこ取りを可能にする画期的な技術として期待されています。本節では、NewSQLの製品群がどのようなアーキテクチャで動作しているかを概観し、この製品群が持つ今後の可能性について考えてみたいと思います。

アーキテクチャから見るデータベースの歴史

　現代的なデータベースの概念が誕生したのは**01-01節**で見たように、1959年のマギーの論文にまでさかのぼります。そのあと、階層型データベースやネットワーク型データベースを経て、1969年にコッドがリレーショナルデータベース（RDB）の概念

を世に出してから現在に至るまで、データベース界の主流はRDBであり続けています。

しかし、その歴史は必ずしも順風満帆だったというわけではありません。長く使われる中でRDBの持つ欠点についてもクローズアップされるようになってきました。アーキテクチャという観点から見ると、ここ20年のデータベースの歴史は3つの期間に分けられます。

1. ～2000年代　　　　：基本的にリレーショナルデータベース。アプライアンス製品が流行する。
2. 2010年代前半　　　：NoSQL群の勃興。スキーマレスなデータ構造とスケーラブルなアーキテクチャがWebサービスによく合致する。
3. 2010年代後半～現在：NewSQL群の登場。クラウドネイティブなアーキテクチャでRDBとNoSQLのいいとこ取りを狙う。

図03-01　アーキテクチャから見るデータベースの歴史

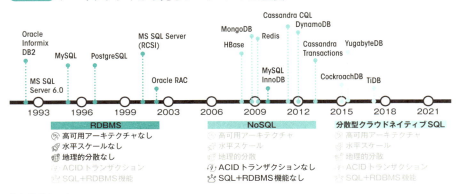

[出典] Yugabyte

RDBの欠点 － スケーラビリティのなさ

RDBは1980年代に非常に汎用的な用途に利用できることが明らかになって以降、金融、リテール、決済、製造、公共など様々な分野で利用されています。しかし、それでも欠点がないわけではありません。大きな欠点として問題視されたのが**水平スケーラビリティのなさ**です。特に更新処理に関してどうしても限界があります。これはRDBがスケーラビリティを出す手段として、基本的には次の2つの方式しかないことに起因しています。01-11節で見た図（**図03-02**）と合わせて、もう一度おさらいしておきましょう。

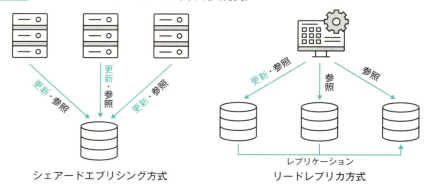

図03-02 RDBのスケーラビリティの出し方（再掲）

　1つは左側のシェアードエブリシングと呼ばれる方式です。いわゆるOracle RAC（Real Application Clusters）が採用する方式で、主にエンタープライズ用途に使われます。どのインスタンスからも更新と参照を行うことができるという利便性の高さがありますが、**共有リソースとなるストレージがシングルボトルネックポイントになる**ため、スケーラビリティに限界があります。また、インスタンス間でデータ同期を行うキャッシュフュージョンと呼ばれる動作がオーバーヘッドとして乗ってくるのも、スケーラビリティにマイナスに働きます。

　もう1つはリードレプリカ方式と呼ばれるもので、主に参照処理が多いWebサービスで好んで利用されます。プライマリのデータベースから読み取り専用のレプリカ（複製）へデータをコピーすることで、参照処理をスケールさせることが可能です。ただし**更新処理はプライマリでしか受けられない**ため、writeに関してはそこがボトルネックポイントとなります[1]。

NoSQLの登場 — 問題は解決された……のか？

　こうしたRDBの抱える限界を解消しようとして登場したのが、2010年頃から現れたNoSQLと呼ばれる製品群です。NoSQLという言葉はかなり多義的で統一的な定義はないのですが、RDBが持つSQLやACIDといった利点を手放す代わりに、結果整合性という形でデータ整合性を担保し、スケーラビリティを出すというアイデアに基づい

---

[1] リードレプリカ方式のもう1つの欠点は、マスタがSPOF（単一障害点）になってしまうことによる可用性の低さです。複数のインスタンスで更新も受けつけるマルチマスタレプリケーションという方式を採用する製品やサービスもあるのですが、利用にあたっての制限が厳しいことから、あまりメジャーな構成ではありません。著者としてもこの構成を推奨するつもりはありません。

たデータベースです。旧Facebookが開発したCassandra、インメモリで動作する
Redis、スキーマレスなデータを扱うことのできるMongoDBなどがあります。

　これらNoSQLのデータベースは、RDBの欠点を補うことができるという点で、特
にWebサービスでよく利用され人気を博しました。しかし、スキーマ定義ができない、
SQLという便利なクエリ言語が使えない、トランザクションのACID特性がないといっ
たトレードオフ（あちらを立てればこちらが立たず）を発生させたため、RDBを置き換
えるというには至らず、どちらかというと補完的関係に落ち着きました（現在は
Cassandraのようにこうした機能を一部サポートするNoSQL製品もあり、徐々に
RDBとNoSQLの垣根は崩れてきています）。

　NoSQLのブームが一段落するのと入れ替わる形で、2010年代後半から登場してきた
のがNewSQLと呼ばれる一群の製品たちです。そのコンセプトを一言で言うならば、
RDBとNoSQLのいいとこ取りです。三者の特性を表したのが次の表です[2]。

表03-01 RDB vs NoSQL vs NewSQL

特性	RDB	NoSQL	NewSQL
スキーマ定義	Yes	No	Yes
ACID	Yes	No	Yes
SQL	Yes	No	Yes
スケーラビリティ	限定的	Yes	Yes
分散データベース	No	Yes	Yes

[出典] XENONSTACK, "SQL vs NoSQL vs NewSQL: The Full Comparison" (https://www.
xenonstack.com/blog/sql-vs-nosql-vs-newsql) より一部改変して引用。

　見てわかるように、RDBとNoSQLの間にトレードオフが発生しているのに対して、
NewSQLはいずれの特性も満たすという関係にあります。なぜNewSQLはRDBと
NoSQLの間にあったトレードオフを克服することができたのでしょうか？　そこには1
つの技術革新がありました。

---

[2] 実際には、この表は少し簡略化されており、徐々にRDBとNoSQLの間の垣根は崩れてきています。NoSQLの
中でもCassandraのようにDDLでスキーマ定義を実施したり、クエリ言語をサポートしたりするものが登場し
ています。一方、RDBの側もJSON型をサポートする（SQL:2023）など、両者の差異は徐々に埋まりつつあり
ます。著者は、NoSQLの多くの機能は最終的には**RDBに吸収される**だろうと考えています。しかしその場合でも、
強いトレードオフとして残るのがスケーラビリティの部分です。

Raft — 分散データベースの新しいアルゴリズム

　RDBの特性を活かしたままスケーラビリティを出すには、分散データベースの構成にするべきだということは、かなり前から言われていました。そのためには分散合意アルゴリズムが必要となるのですが、そこがネックになっていました。従来、Paxosというアルゴリズムが知られていたのですが（論文として登場したのは1998年）、これはなかなか難解なアルゴリズムで、これをデータベースの実装として利用するのは難しいとされてきました[3]。

　しかしここで、1つの技術革新が起きます。2013年、Paxosを代替する、より理解しやすいアルゴリズムとして設計された**Raft**が登場するのです。これはリーダー選挙とログレプリケーションという2つの機構を中心とする簡潔なアルゴリズムで、現在出てきているNewSQL系のデータベースの多くがRaftを利用しています（Neonのように Paxosを選択するDBもないわけではありません）。

NewSQL のアーキテクチャ

　NewSQLの実装手段は製品によって異なりますが、共通するアーキテクチャを示すと、**図03-03**のようにRDBのコンピュート層とストレージ層を分離して疎結合にしています。これによってコンピュート層のノードだけを増やしたり、ストレージ層のノードだけを増やしたりといった柔軟なスケーラビリティを持っています。コンピュート層では主にSQLのパースや実行、ストレージ層では実際のデータの読み書きや管理を担います。リーダーが読み書きのリクエストを受けつけ、更新結果を複数のフォロワーに伝搬します。リーダーは多数決で選ばれるため、最小3台で構成されます（実運用ではもっと多数のノードを持つことが一般的ですが）。こうすることで、ユーザからは1つのテーブルに見えるデータを、物理的には分散したノードに分割して保持することになります。この分散ノードでデータを持ち合う際に用いられるのが、先ほど紹介した分散合意アルゴリズムのRaftです。Raftにおいてリーダーは、書き込みを行った際にフォロワーの過半数から応答があった場合に、ユーザへ完了を通知する動作を行います。一度Raftによって確定した結果は**覆ることがなく**、永続化されます。

---

[3] Paxosを使って実装されたNewSQL製品に、NeonやGoogle Cloud Spannerがあります。Google Cloud Japan Team「Spanner の仕組み：厳格な直列化可能性と外部整合性について理解する」: https://cloud.google.com/blog/ja/products/databases/strict-serializability-and-external-consistency-in-spanner

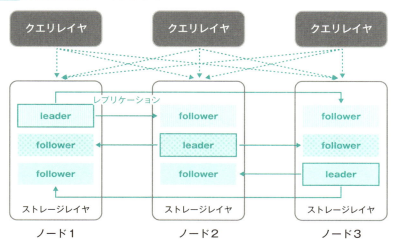

図 03-03 NewSQLアーキテクチャ

 こうしたデータ分散やトランザクションのACID保証は内部的に実施されるので、ユーザ側で意識することはありません。ユーザやアプリケーションは普通のRDBを使っている操作感でNewSQLを扱うことができます。小規模から大規模までデータ量に応じた使い方ができるため、ワークロードに応じたリソース割り当てが可能になっています。

NewSQLの欠点

 このように聞くと、NewSQLというのは問題をすべて解決した夢のようなデータベースだと思われるかもしれません。しかし、実際にはそれほど話は単純ではなく、NewSQLにも大きく3つの欠点があります。まずはパフォーマンスに関わる問題です。
 先述のように、NewSQLは1つのテーブルのデータであっても分割して複数のノードで持ち合います。その結果、クエリでテーブルのデータを取ってこようとするときに複数のノードをまたがって処理を行う必要があるため、ネットワーク伝送のオーバーヘッドが乗ってしまうのです。このため、スループット向上には著しい効果をもたらした分散アーキテクチャが、**レスポンスタイム**という面では**マイナス**に働いてしまいます。これはNewSQLにかぎらず分散構成をとるシステム全般が抱える宿命です。
 もっとも、レスポンスの悪化というのは結局のところ程度の問題です。たとえば、OLTPのクエリで10秒もオーバーヘッドが発生しては使い物になりませんが、0.1秒程度であれば許容範囲でしょう。詳しくは次節で見ますが、NewSQLのデータベースはグローバルで見るとすでに様々な業界の多くの企業で導入が進んでいるため、多くの

ユーザにとっては受け入れられる程度の遅延であろうと思われます（大方のユーザの声を聞くと、遅延は数十msのオーダーで済んでいるようです）。第2の欠点としては、構成するコンポーネントの数が増えるため運用が複雑になりやすく、障害や遅延の発生時のトラブルシュートが難しくなるという問題があります。そして最後の問題として、新しい技術であるためコスト的に高くなりやすいという点が挙げられます。

まだ製品として若いものが多く、ユーザ企業への浸透はこれからです。とはいえ、欧米を中心に勢いを増してきており、著者はRDBとNoSQLの対立を乗り越えるポテンシャルがあるのではないかと考えています。NewSQLを採用している企業のユースケースについては次節で見ます。

達人への道
RDBの弱点とその乗り越え方

NoSQLはRDBとの間でトレードオフを発生させるソリューションであったため、RDBをNoSQLに置き換えるというより両者は補完的関係に落ち着きました。それに対して、NewSQLはそのトレードオフを乗り越えることを目的としており、特にRDBの武器であったACIDとSQLを保ちながらwrite/read両方のスケーラビリティを出そうとしています。普及が進むことで、今回こそRDBを置き換えるビッグウェーブになる可能性を秘めたソリューションです（といってもユーザから見ると、使い勝手としてはRDBに見えるので、RDB内部の技術革新という見方もできますが）。今後もNewSQLというキーワードについて、注目してテックニュースなどを見ていただければと思います。そして皆さんのところにも、思ったよりも早くNewSQLの波はやってくるのではないかと思います。

COLUMN　Raft と Kafka

本文で触れた Raft は、近年メッセージキューのソフトウェアである Apache Kafka でも採用されています（KRaft）。元来 Kafka は、ZooKeeper という別のアプリケーションを使って Broker の分散構成を管理していました。NewSQL と同じように、読み書き可能な1つのリーダーを選出して、それが他のフォロワーノードへデータ（Partition と呼ばれます）をレプリケーションするという仕組みです。

図 03-04　3つの Broker 間で4つのパーティションの分散を行う Kafka

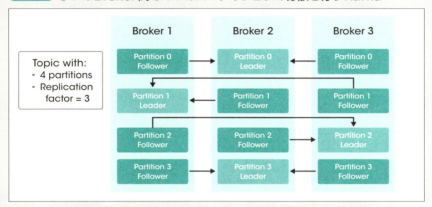

[出典]"Kafka Fault Tolerance Mechanism"：https://forum.huawei.com/enterprise/en/kafka-fault-tolerance-mechanism/thread/667285520402759680-667213860102352896

しかし、ZooKeeper 自身が管理や監視を追加で必要とするもう1つの分散システムであるため、ユーザは疎結合の2つのアプリケーションを管理しなければならず、Kafka のデプロイ・運用も複雑なものになっていました。ZooKeeper への依存を取り除いたことで、Kafka の運用負担が軽減されることが期待されています。NewSQL と Kafka を組み合わせる構成もよくあり、ともに急激なワークロードの増減に強い、スケーラビリティが高いという特徴を持っている点で、よく似た者同士だなと著者は思います。たとえば米国のフードデリバリ大手の DoorDash は、コンビニエンスストアやドラッグストアと連携した EC サイトにおいて、注文に応じた在庫ステータスの更新をリアルタイムで実行するために NewSQL の一種である CockroachDB と Kafka を組み合わせています。この事例は次節で詳しく見ます。

03-02

今このデータベースがアツい！

前節で見たNewSQLの代表的な4つのプレーヤーを紹介し、それぞれの特徴を見ていきます。またAWSやOracleといったビッグベンダが、NewSQLに対してどのような姿勢を見せているかを概観します。そのあとに、NewSQLがどのようなユースケースで採用されているか、具体例を通して理解を深めます。

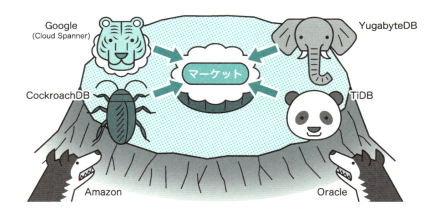

4つの主要プレーヤー

前節で概要を見たNewSQLですが、スタートアップまで含めると非常に多数のプレーヤーが存在します。ここではその中から4つの主要なプレーヤーを紹介したいと思います。

Cloud Spanner

2017年からGoogle Cloud Platform上で提供されるデータベースで、直感的にわかりやすいインタフェースと**99.999%**の高可用性（マルチリージョン使用時）を謳う

NewSQLです。プロプライエタリですがPostgreSQLに対して互換性を持っています。また、東京と大阪のリージョンを使って**国内でマルチリージョン構成を組めます**。オンラインでスケールアウトができるなど柔軟なスケーラビリティを持ちます。2025年現在、デジタルバンクのみんなの銀行、動画プラットフォームのVimeo、航空・鉄道・ホテルなどで使われる予約システムを提供するSabreなどの企業がCloud Spannerを使用しています。

YugabyteDB

2016年にローンチされたPostgreSQL互換のNewSQLデータベースで、本社は米国シリコンバレーにあります。Apache 2.0ライセンスによるオープンソースDBでもあります。2021年からはYugabyteDB Aeonという名称でDBaaSも提供しています。

TiDB

PingCAP社が提供する、Spannerと同じく2017年にローンチされたオープンソースのデータベースで、**中国**発祥という少し変わった経歴を持ちます。また、NewSQLのデータベースが一般的にPostgreSQLと互換性を持つのに対して、珍しく**MySQL**に対して互換性を持っています。このおかげでMySQL人気の高い日本でのユーザ獲得に成功しており、全世界でも3,000社を超える企業に導入されています。DMM.com、SBI、PayPayなどがTiDBを採用しています。

CockroachDB

Cockroach Labs社が開発主導するPostgreSQL互換のデータベースです。Spannerに触発されて開発が始まったデータベースで、Netflix、DoorDashなどメガサービスでの採用実績があり、非常に高い可用性を実現します（マルチリージョン構成で99.999%）。Cockroachというのはゴキブリという意味ですが、「**ゴキブリのようにしぶとい**」というところから取られたネーミングです。製品アイコンもゴキブリを模していてキュートです。

以上、紹介した4つのデータベースのうち、CockroachDBを除く3つは日本法人があり、日本語のサポート窓口もあります。CockroachDBは2025年時点でまだ日本進出していません。

4つのデータベースの特徴をまとめると、**表03-02**のようになります。

Google以外の3社も順調に資金調達を行っていることが見てとれます。個人的にはCockroachDBに早く日本進出してほしいなと思っています。そうしたらもっとこの分野がアツくなるでしょう。

表 03-02 NewSQLまとめ（2024年11月時点の情報）

	Spanner	YugabyteDB	TiDB	CockroachDB
互換性	プロプライエタリ（PostgreSQL）	PostgreSQL	MySQL	PostgreSQL
調達額	N/A	$291M（Series C）	$341.6M（Series D）	$633.1M（Series F）
開発元と日本進出	米国、日本法人あり	米国、日本法人あり	中国、日本法人あり	米国、日本法人なし
可用性	99.999%（マルチリージョン）	99.99%	99.99%	99.999%（マルチリージョン）

ビッグベンダの NewSQL 対応

　AWSは、re:Invent 2024でNewSQL的なサービスの投入を発表しました。従来、Auroraではスケールアウトによるリードレプリカ方式によって参照のスループット向上を行うことは可能でしたが、更新性能の向上には限界がありました。これを分散構成をとったデータベースを導入することでスケーラビリティを出しつつ、Active-Active構成によって高い可用性（最大99.999%）とゼロダウンタイムを目指すというサービスです。AWSはあまり他社製品に言及しないのですが、珍しくサービス発表の際にSpannerに言及しており、ライバル視していることがうかがえます。

・**Amazon Aurora DSQLの紹介**
https://aws.amazon.com/jp/blogs/news/introducing-amazon-aurora-dsql/

　またOracleは、2024年5月に、23ai以降のバージョンでRaftベースのレプリケーションをサポートする分散データベースを発表しました。「データ損失ゼロで高速な自動フェイルオーバー」を謳う、これはまさに「Oracle版NewSQL」ともいうべき特性を備えたサービスであり、同社がいよいよNewSQLに参入してきたことを示しています。

・**Oracle Globally Distributed DatabaseのRaftレプリケーションサポート**
https://blogs.oracle.com/oracle4engineer/post/ja-raft-replication-in-distributed-23c

　こうしたビッグベンダは潤沢な資金とエンジニアを擁しているため、本気で取り組む

とあっという間にスタートアップをまくってしまう可能性もあります。気づいたら残っていたのはいつものメンバーでした、ということにならないともかぎりません。今後はビッグベンダの動向にも注目です。

NewSQL のユースケース

事例① DoorDash

1つ目の事例は、米国のリテール業者であるDoorDashの事例です。DoorDashは日本では知名度がありませんが、米国ではUber Eatsのライバルとして非常に有名なフードデリバリ大手です。著者も米国在住時にはよく利用していました。

このDoorDashが地元のコンビニエンスストアやドラッグストアと協力して始めたECサービスがDashMartです。これがコロナ禍の巣ごもり需要とマッチして爆発的な人気を博したのですが、DashMartは1つの問題に悩まされるようになります。それが在庫ステータス（在庫あり／在庫希少／品切れ）の表示が追いつかず、不正確になるというものです。たとえば、在庫が補充されたにもかかわらず画面上では品切れのままだと、顧客の**買い控え**を招き、機会損失となります。反対に、もう売り切れたのに画面上では在庫ありと表示されていると、**過剰販売**が発生してしまい顧客へ謝罪メールを送ることになり、顧客体験を大きく下げることになります。

この問題は、注文による更新処理の殺到で高負荷状態になることと、在庫システムからの多数の更新処理が追いつかなくなることによって発生するものでした。DoorDashは、この問題を解決するため、NewSQLの一角であるCockroachDBを導入することにします。その新システムのハイレベルアーキテクチャは**図03-05**の通りです[4]。

左側にある在庫関連のマイクロサービス群から更新情報が送られてくるので、それをCockroachDBで受けて永続化し、後続のKafkaへCDC（Change Data Capture）を使って流していくという仕組みになっています。DoorDashはこれによって120万QPS、1.9PBという驚異的なワークロードを処理することに成功しています。NewSQLとKafkaはともにハイトランザクションおよび急激な流量の上昇に対応することを得意としており、よく組み合わせて使われます。

---

[4] Irene Chen and Aleks Pesti, "Leveraging CockroachDB's Change Feed for Real-Time Inventory Data Processing"：https://doordash.engineering/2022/11/21/leveraging-cockroachdbs-change-feed-for-real-time-inventory-data-processing/

図03-05　DashMartのハイレベル・アーキテクチャ図

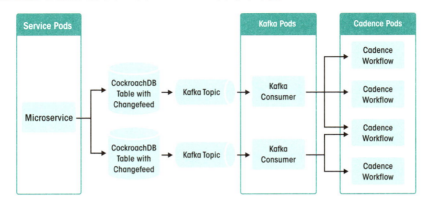

事例② PayPay

　日本の事例としては、PayPayによるTiDBの採用が挙げられます[5]。PayPayはここ数年で急激にユーザ数を増やしており、2023年10月時点で登録者数6,000万人を数えます。こうしたユーザ数の増加による更新処理の高負荷およびデータ量増加に対応するため、2019年にTiDBの導入に踏み切ります。当初は取引履歴処理からの導入でしたが、翌2020年には決済フローに導入し、そのあとは残高処理にも導入してマルチリージョン構成（東京-大阪）によってより高い可用性を実現します。これにより、当初の懸念であった更新系パフォーマンスの解消と水平スケーリングによる拡張性を手に入れました。

事例③ みんなの銀行

　もう1つ日本の金融業界の事例としては、2021年にデジタルバンクとしてサービス提供を開始したみんなの銀行が挙げられます。みんなの銀行は、Google Cloud上に構築されており、いわゆるBaaS（Bank-as-a-Service）と呼ばれる形態をとっています。その中でCloud Spannerが利用されており、東京と大阪のリージョンで両現用構成がとれることによる高可用性の実現が、採用の大きな決め手だったと言われています[6]。

> 「特にCloud Spannerの存在が大きかったと思います。検討時点ではまだ大きな実績のないプロダクトではあったのですが、東京と大阪で同じシステムを同時に

---

[5]　「CloudNative Days Tokyo 2023に登壇しました！」：https://insideout.paypay.ne.jp/2024/01/31/event-cloudnativedaystokyo2023-jp/
[6]　「みんなの銀行：日本初の「デジタルバンク」としてGoogle Cloudに勘定系を構築。Cloud Spannerで銀行基幹システムで求められる可用性を実現」：https://cloud.google.com/blog/ja/topics/customers/minna-no-ginko-spanner?hl=ja

動かす"東阪両現用（とうはんりょうげんよう）"は、例えばどちらかで大規模災害が発生した際などでも銀行サービスを停止させないために絶対必要な仕組み。これをパフォーマンスを損なうことなく実現するには Cloud Spanner がどうしても必要だったのです。なお、この際、データベースを国外に出したくないという我々の事情を汲んでいただき、東京・大阪のマルチリージョンで Cloud Spanner を動かせるようにしていただいたなど、Google Cloud が積極的に協力してくださったことには感謝しています。」

これらの事例からもわかるように、NewSQLが最も真価を発揮するのは、次のようなメリットを享受できるケースです。

- 更新系トランザクションのスループット向上
- 無限とも錯覚するような水平スケーラビリティ
- 極めて高い可用性（ノード数が多いほど高くなる。マルチリージョン構成ならばさらに高まる）とゼロダウンタイムのフェイルオーバー

適用例としては幅広く、金融、決済、リテール、Webサービス、IoTまでカバーしますが、いずれにも共通しているのは、高い更新負荷を持っていることです。そしてこれが従来のリレーショナルデータベースのアーキテクチャにおいて、対応に限界があった難所であったことは前節で見た通りです（これ以外にも、マイクロサービス化で増えすぎたデータストアの統合というユースケース等も考えられています[7]）。

達人への道

ネクスト・ビッグウェーブに備えよ！

本節では、NewSQLの主要なプレーヤーの特徴とユースケースを見てきました。NewSQLの中にはCloud Spanner、TiDB、YugabyteDBなど、すでに日本進出を果たしている製品もあり、ここ2-3年の間にアーリーアダプタによる採用が一気に進みました。今後さらなる広がりを見せると予想されますので、読者の皆さんも注視していただければと思います。

---

[7]「増えすぎたデータベースと計画停止の苦労を、TiDBへの移行で解決できるか？ レバテックの挑戦」: https://www.publickey1.jp/blog/24/tidb_pr.html

03-03
HTAP
ー スーパーデータベースという夢

　従来、基幹系と情報系のデータベースは、物理的に分離して間をETLでつなぐというのがシステム・インテグレーションのセオリーでした。これは情報系の側で起きた問題が基幹系に波及しないようにという発想に基づけば、ごく当然の設計です。しかし近年、HTAPと呼ばれる両者を統合したデータベースが登場してきています。どのようなアーキテクチャによってそのようなことが可能なのでしょうか。またそれに現実味はどの程度あるのでしょうか。本節を通して、具体的な実装の仕組みを見ていきながら、スーパーデータベースが本当に誕生するのか、その可能性を探ります。

システム開発のセントラルドグマ

　システム・インテグレーションの方法論は、旧来のウォーターフォールからアジャイルまで幅広い選択肢があります。またシステムのインフラについても、オンプレミスからプライベートクラウド、パブリッククラウドまで多様な選択肢があります。しかしそ

のような中でも、システム開発においてほぼ"絶対"とも言えるセオリーがデータベースの分野にはあります。

それが基幹系（業務系）と情報系（分析系）のデータベースの分離です。

図 03-06 基幹系と情報系のデータベース分離

基幹系というのは、文字通りその企業にとっての（公共系でも話は同じですが）コアとなるシステムであり、利益の源泉です。したがって、利用者も社外のエンドユーザであることが多く、このシステムが停止するということは企業の信用に関わる重大な問題とみなされます。時々テレビのニュースを賑わすたぐいのシステム障害は、この基幹系のシステムダウンであることがほとんどです。

一方の情報系は、これに比べると非常に緩い世界です。基本的に社内に閉じたシステムであり、ユーザも自社の社員がほとんどなので、そこまでシビアな信頼性は求められません。情報系のシステムが落ちて新聞に載るということはまずないでしょう。

両者はデータベースがさばくクエリの特性においても対照的です。基幹系システムは、その特性からOLTP（オンライントランザクション処理）と呼ばれます。OLTPの特徴としては、非常に多数のショートクエリを短時間で処理し、結果を返す能力が求められる点が挙げられます。ECサイトで特売日のときなど、0.1秒の遅延が機会損失につながると言っても過言ではありません。他方、情報系システムのクエリ特性はOLAP（オンラインアナリティカル処理）と呼ばれます。OLAPの特徴は、少数のヘビークエリをいかに迅速に処理するかに重点を置いている点です。

シェアードナッシングという発明

OLTPとOLAPが分離された結果、OLAP側のデータベースは独自の進化を遂げました。それが**シェアードナッシング**というアーキテクチャの発明です。次の図のように、

CPU・メモリ・ストレージを備えた比較的小型のノードをたくさん用意して、そこにデータを分散配置して「せーの」で一気にクエリを処理することで高速に演算を行おうという発想です。そのため、データはハッシュを使ってなるべく各ノード均等に配置しておくことが望ましくなります（最後に演算の終わったノードの処理時間によって全体の処理時間が律速されるため）。そこで、分散キーには基本的に一意性が保証されている主キーを使うことがほとんどです。

図 03-07 シェアードナッシング

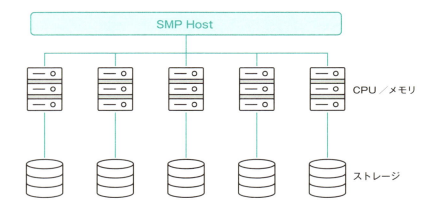

このような処理方式を**超並列処理**（MPP：Massively Parallel Processing）と呼びます。何というか、ラフな表現をすると「リソースで殴りに行く」ような力任せな処理方式ですが、現在主流のOLAP系データベースは、クラウドかオンプレミスかにかかわらず、皆この構成をとっています（Teradata、Snowflake、BigQuery、Redshift）。

この方式の場合、なるべくリソースを使い切れるように動くのが理想です。OLTP系のシステムではリソース限界に当たらないよう慎重に配慮していたのとは真逆の方針です。使えるものは猫の手でも使えの精神です。

OLTP と OLAP の相乗り厳禁

このシェアードナッシングとMPPという方式は非常に優れた方法で、OLAPの現在の在り方を決定づけたと言っても過言ではありません。その反面、強力さの代償として1つ大きな欠点を背負い込みました。それが、

クエリの多重度に比例してクエリ速度が悪化する

ということです。MPPというのはいわば**常にリソース限界を迎えた状態**で動いているようなものなので、いつもいっぱいいっぱいです。そこへ新たなクエリが追加されると、使えるリソースが半分になり、そこにさらにクエリが追加されると3分の1になり……ということを繰り返し、クエリに割り当てられるリソースが減少していくことで、それに比例する形でレスポンスタイムがどんどん悪化していきます。これはリソースを常に使い切るMPPの宿命のようなものです。リソースが限界を迎えるまでは一定のレスポンスタイムを保証するOLTPのデータベースとは、正反対の動作をするのです。

図03-08　OLAPとOLTPの相乗りは厳禁

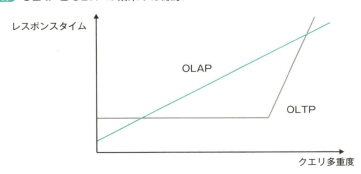

このような性能特性があることから、OLAP用途のデータベース上でOLTPのワークロードまで動かそうというのは、自殺行為に等しい——少なくとも今まではそのようにみなされてきました（著者もOLAP用途のデータベース上でOLTPも動かそうというメチャクチャな設計がなされたシステムのチューニングを行ったことがありますが、非常に難儀しました）。

HTAPのアーキテクチャ

しかしここ数年の動きとして、HTAPと呼ばれるコンセプトを掲げるデータベースが登場してきました。HTAPはHybrid Transactional/Analytical Processingの頭文字を取った略称で、一言で表すと、OLTPとOLAPの2つの異なるワークロードを1つのデータベースで処理できるようにしよう、というものです。

……今までの話でそれは不可能だ、という結論が出たのではなかったでしょうか。そういう疑問を持った方もいると思います。たしかに、従来のOLTPとOLAPのデータ

ベースのアーキテクチャを前提にするかぎり、両者を同時に処理するというのは不可能です。そこでHTAPを謳うデータベースベンダは、大胆なアーキテクチャの変更を行いました。前節で紹介したNewSQLの一角であるTiDBは、HTAPの機能を持つと主張しています。そのアーキテクチャ概要図を引用します。

図 03-09 HTAPアーキテクチャ概要図

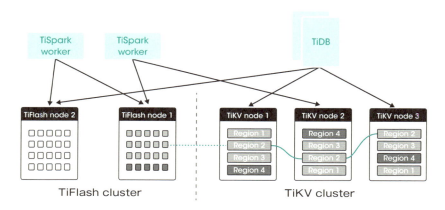

[出典]Shawn Ma「HTAPデータベースを構築してデータプラットフォームをシンプル化する方法」：https://pingcap.co.jp/blog/how-we-build-an-htap-database-that-simplifies-your-data-platform/

　仕掛けのアイデアは簡単です。OLTP向けのテーブル群（TiKV cluster）とOLAP向けのテーブル群（TiFlash cluster）の2つを同じデータベース内に持つようにして、OLTP向けのテーブルに変更が加えられたら、OLAP向けのテーブルへ変更が反映されるようにしたのです。このときの工夫として、OLTP向けのテーブルが従来の**ローベース**（行指向型）でデータを保存するのに対して、OLAP向けのテーブルは**カラムベース**（列指向型）に変換されることです。カラムベースストアは、分析系のクエリで使われる列はかぎられているという洞察を基に、カラムをデータの格納単位とするOLAP向けの技術です。

　OLTP向けのクエリとOLAP向けのクエリは、データベースが自動的にテーブルを割り振るため、ユーザから見るとまさに1つのデータベースでOLTPとOLAPのクエリが処理されているように感じます。これによって、従来不可能だったリアルタイム・オンライン分析が可能になります。ETLのような面倒な処理は不要になり、テーブル同士で自動的にデータが同期されます。

それでも残る疑問

こうしたローベースとカラムベースの同居というアーキテクチャを謳うデータベース自体は従来からありました。Oracle 12c から利用可能な Oracle Database In-Memory は、メモリ上にカラムベースのテーブルを展開することで、OLTP と OLAP の混合ワークロードに対応可能であることを主張しています。

図 03-10 Oracle Database In-Memory のアーキテクチャ概要

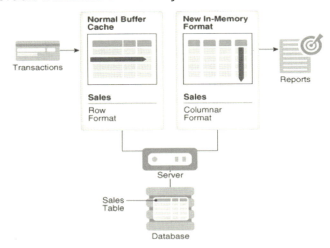

[出典] Database In-Memory ガイド：https://docs.oracle.com/cd/G11854_01/inmem/intro-to-in-memory-column-store.html

要するに、HTAPの思想とそれを実現するアーキテクチャ自体は、もう10年くらい前から用意されていたのです。ここ最近の変化は、Google Cloud の AlloyDB や Snowflake の Unistore のように、HTAP をフィーチャーした製品やサービスが登場してきているということです（近年開発が進んでいる国産RDBのTsurugi もHTAP を謳っています）。これは従来のBI/DWH が機械学習やAI の影響を受けて、よりリアルタイム性の高い分析を行いたいという需要が高まってきていることによるものでしょう。

では、みんなHTAP系のデータベースを使えばめでたしめでたしなのか。そうなればいいなと著者も思うのですが、現場のエンジニアとしては3つほど懸念点というか、注意すべきポイントを挙げたいと思います。

- 信頼性：万が一、OLAP側のデータベースやアプリケーションにバグがあり、障害が起きたときに、OLTP側のデータベースをダウンさせたり誤作動させたりすることはないでしょうか。それを防ぐためには、データ連携が面倒だとしても、やはり物理的にOLTPとOLAPのデータベースは分離していたほうが安全なのではないでしょうか。
- 性能：いかにOLTPとOLAPでテーブルが分離されているとはいえ、リソース上は共有している箇所があるのではないでしょうか。そうすると、OLAP側の巻き込み事故でOLTP側を遅延させる懸念が拭いきれないのではないでしょうか。
- データ量：OLTPとOLAPで同じデータを持とうとすると、どうしてもデータ量が増加し、コスト増加やバックアップ時間の増大などにつながります（OLAP側のバックアップなど不要だ、という見解もあるかもしれませんが）。

いかがでしょう。読者の皆さんはこのような懸念点について、もっともだと思われるでしょうか。あるいは著者の杞憂でしょうか。もっともだと思われた方は、次節をお読みいただくと少し安心されるかもしれません。

疎結合型 HTAP

ここまでに紹介したようなTiDBやOracleのHTAP機能は、1つのデータベース内にOLTPとOLAPの2種類のテーブルを抱え込もうというものでした。これに対して、もう少し安全側に倒したソリューションがあります。それが――著者は勝手に疎結合型と呼んでいますが――AWS Zero-ETLのようなサービスです。

図03-11 AWS Zero-ETL

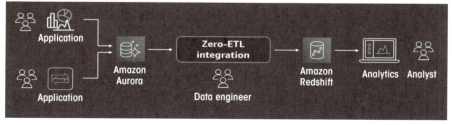

[出典]Amazon RedshiftとのAmazon Aurora ゼロ ETL 統合：https://aws.amazon.com/jp/rds/aurora/zero-etl/

これは一種のレプリケーションで、そのメカニズムとしてはCDC（Change Data

Capture）が使われています。このように2つのデータベース（この場合はAuroraとRedshift）を疎に保ちながら、その間を結ぶETLを極力簡略化、省力化しようという発想に基づく方向性も、立派なHTAPではないかと著者は思います。AWSは実際、Zero-ETLのメリットの1つとしてリアルタイム性を挙げています。

このように一言でHTAPと言っても、TiDBやUnistore、AlloyDBのような密結合型と、AWS Zero-ETLのような疎結合型にアプローチが分かれます。読者の皆さんはどちらのほうに魅力を感じたでしょうか？ 著者はSIerでミッションクリティカル案件にも従事してきた経験からすると、後者のほうが安全で、信頼性を何より重視する日本向きなのではないかな……などと思ってしまいます。まあ保守的な考え方だなというのは自覚しているのですが、SIerの性みたいなもので、とにかく基幹系を守らねばと考えてしまうのです。

達人への道

HTAPはSIの常識を変えるかもしれない技術

HTAPは元々、ガートナー社のアナリストがSAP HANAを見て思いついたコンセプトだと言われています。当初はこれをサポートする製品やサービスもかぎられており、若干時代を先取りしすぎた感があったのですが、10年を経てHTAPをサポートするデータベースが増えてきました。本節で挙げたような落とし穴が待っている可能性もあるのですが、もしHTAPが実現すればすべてを呑み込むスーパーアプリならぬ、**スーパーデータベース**が誕生する可能性もあります。今後の各ベンダの動向にも要注目です。

03-04

SQLと生成AI

　生成AIの興隆を受けて、2023年頃以降、自然言語からSQLを生成するクエリジェネレータが相次いで登場してきています。それを実際に使ってみて、著者が得た知見を述べたいと思います。総じて優秀な精度を達成しているのですが、完璧というわけではなく、エンジニア観点から見ると特有の使いづらさもあります。それもそのはず、このジェネレータのターゲット層はおそらくエンジニアではないのです。そこには米国のIT業界が達成しようとしている悲願「データの民主化」が関連しています。

続々と登場するクエリジェネレータ

　2025年時点で、生成AIは期待値のピークにあり、ブーム真っ盛りという様相を呈しています。連日のようにベンダやスタートアップが新たなAIモデルを発表し、熱狂の渦の中にあります。ブームの終わりを予測するような冷や水をぶっかける論調もなくは

ありませんが[8]、しばらくは熱狂が続く勢いです。

　データベースの世界にも生成AIの波は押し寄せています。最も目を引く例は、SQL文を自然言語から生成するクエリジェネレータです。2024年に相次いで大手ベンダから公表されました。現在はプレビューのものも含めて、次の3つが利用可能です。

・ **Snowflake Copilot**
　Mistral LargeとSnowflake社独自のAIモデルを使用して自然言語からSQL文を自動生成します。日本語にも対応。2024年7月からGA（一般提供）を開始。

・ **Amazon Q generative SQL**
　Amazon Redshiftのクエリエディタから利用可能。2024年9月から一般提供を開始。

・ **Gemini in BigQuery**
　Google Cloudで提供されるクエリ生成機能。クエリ生成だけでなく、既存のクエリを自然言語で説明する逆生成の機能も持ちます。

　著者が実際に使ったSnowflake社のCopilotには、次のようなメリットを感じました。

・ **クエリライティングの補助機能として優秀**。SQLを少しでも書ける人にとってはクエリライティングの補助機能としてとても有用です。「あの構文どう書くんだっけな」とか「何となくこう書けばいい気がするんだけど……」というときに使うとズバッとした正答を返してくれることが多い。自然言語の解釈にも秀でており、正答率は高い。
・ **Snowflakeに最適化されている**。Snowflake社の独自構文や独自関数に詳しく、Snowflakeに最適化されたクエリを返してくれます（あまりやりすぎるとロックインが進むので過度な依存は禁物ですが）。時折感心するようなスマートな回答を返してきます。
・ **UIが洗練されている**。クエリエディタに埋め込まれたチャットボックスから利用できるため、学習コストがゼロで簡単に利用できます。非常にユーザフレンドリーなUIを提供しています。

　例として**01-03節**で見た問題で考えてみましょう（テーブルデータは**表01-01**を参照）。

---

[8] たとえば英『The Economist』誌は、実際にAIがビジネスや生活に与えているインパクトは人々が思っているほど大きくはないという説をデータとともに示しています。"What happened to the artificial-intelligence revolution?"：https://www.economist.com/finance-and-economics/2024/07/02/what-happened-to-the-artificial-intelligence-revolution

部署テーブル（再掲）

```
CREATE TABLE Departments
(department   CHAR(16) NOT NULL,
 division     CHAR(16) NOT NULL,
 check_flag       CHAR(8)  NOT NULL,
   CONSTRAINT pk_Departments PRIMARY KEY (department, division));
```

【問題】

　部署テーブル（Departments）から、課のセキュリティチェックがすべて終わっている（check_flagがすべて「完了」）部署を選択したい。

　この問題は、手続き型言語で解く場合にはいわゆるコントロールブレイク処理が必要となるのでした。かなり面倒なコードになるのを覚えておられると思います。SQLで解く場合には非常にエレガントな解答があります。解き方は全部で3つあるのですが、これをCopilotに解かせるとどうなるでしょうか。次のようなクエリを返してきました。

Snowflake Copilot の回答

```
SELECT department
  FROM Departments
  GROUP BY department
HAVING BOOLAND_AGG(check_flag = '完了');
```

　非常にエレガントなHAVING句を使った解答になっています。これは正答なのですが、瞠目すべきは答えが正しいという点ではありません。Snowflakeの独自関数であるBOOLAND_AGGを使いこなしていることです。これは関数が引数にとるレコードグループの値が、すべてtrueになる場合のみにtrueになるという関数で、まさにコントロールブレイクを行うためにあるような関数です。著者はテストを実施したとき、この関数を知らなかったので、Snowflakeに1つ教えられる結果となりました。思わず「賢い……」と呟いてしまったほどです。

　一方で、実際に使ってみると、次のようなデメリットや懸念点も感じました。

・平気で嘘をつく。あるいは期待していた結果を求めるクエリとは微妙に異なるクエリを返してきます。これ自体はハルシネーションという生成AIにはつきものの現象であり、クエリジェネレータ固有の問題ではありませんが、それでもやはりクエリのチェックができるくらいにはSQL文に精通している人でないと使うのが怖いな、と

176

いう印象を持ちました。SQLを知らない人にとっての福音にはならない、という印象です。そういう人たちは後述のBIツールが引き続き有用でしょう。

- **結果が不安定**。同じ問い合わせを投げているにもかかわらず、日によって回答が変わったり、テーブル構造を少し変えただけでも異なる回答を返したりします。この理由ははっきりしませんが、単純にまだ学習中だから刻々とモデルも変化しているだけかもしれませんし、生成AIの確率的アルゴリズムの結果起きている根源的な問題かもしれません。たとえば、ChatGPTにはこうした確率的現象を制御するパラメータ（Temperature）が存在しますが[9]、Copilotにそういうパラメータがあるかどうかは確認できませんでした。

- **即応性がない**。テーブルを作ってデータを投入したあと、Copilotを使えるようになるまで数時間待たされます。結局、実際には翌日からしか利用できないということが多く、時間に追われているときには使えません。そしてシステム開発のプロジェクトは大体が時間に追われているものなので、これが開発の現場で使えるものか？というと疑問に感じざるをえませんでした。

総じて、おそらくターゲットとしているユーザ層としては、エンジニアやプログラマ向けではなく、クエリが少し書ける**ホワイトカラー層**だろうな、という印象です。この層をターゲットにすることの意味は、後述します。

SQLを隠蔽するという戦略 — BI ツール全盛の時代

02-06節で、リレーショナルデータベースを廃棄するという試みはうまくいかず、現在もメインストリームの座にあることを確認しました。それと同じくらいSQLに対してもこれを廃棄しようとする動きがあったのですが、ことごとくうまく行かずRDBとともにSQLも長命を保っています。その理由の1つに、英語によく似た構文であるため英語圏の人にはスムーズに使えるからといったことがよく挙げられます。しかし、実際に著者が米国人のデータベースエンジニアに聞いてみたところ、SQLという言語は彼らからしても人工言語の香りがするそうで、完全に自然言語的な印象は持てないようです（だからこそ、前節で見たようなクエリジェネレータがわざわざ登場してきているわけです）。SQLは、立ち位置としてかなり**中途半端**なところにいるのです。

「SQLが思ったより使いやすくない」が「廃棄しようとしてもうまくいかない」というジレンマに対して、米国人がとった第3の選択肢は、「だったらユーザから見えないよ

---

[9] Temperatureは0から2までの値を設定でき、デフォルトでは1に設定されています。値が低いほど再現性のある出力になり、高いほど多様な出力になります。「ChatGPTのTop PやTemperatureについて少し知ってみよう」: https://techblog.a-tm.co.jp/entry/2023/04/24/181232

う隠してしまおう」というものでした。具体的には、グラフィカルなユーザインタフェースを採用し、SQLの生成と発行は裏側で行おうという戦略です。現在は、いわゆるBIツールと呼ばれるソフトウェアがこの役割を担っています[10]。代表的なBIツールとしては、Tableau、Qlik、Lookerなどがあります。

マウスでクリックしていくだけでドリルダウン／ドリルアップを行うことができるなど、直感的な操作でデータ分析を行えるとあって、SQLを知らない非エンジニア職（営業、マーケター、アナリスト、経営層、etc.）に人気の高い製品です。

BI（Business Intelligence）の歴史は古く、すでに19世紀にはこの言葉が見られるようです。現在のような「事実に基づく支援システムを使用することによってビジネス上の意思決定を改善するための方法」という意味で定義したのは、のちにガートナー社のアナリストとなるHoward Dresnerが、1989年に行ったのが最初と言われています。1990年代～2000年代を通して活発にBIツールの開発が行われ、ビッグデータ時代の到来ともマッチして2010年代に全盛期を迎えました。このような「言語を用いずに事実に基づく要点をズバッと示す」というのは米国人のお家芸的な側面があって、その洗練されたGUIを見ると感心してしまいます[11]。キーとなる数値をグラフ化して一画面で示す「ダッシュボード」という概念が普及したのにも、BIツールが一役買っています。

SQL の未来

このようにして見ると、クエリジェネレータというのもSQLを隠蔽化する試みの1つに位置づけられます。「**データ民主化**」というやつで、広くあまねく多くの人にBIの恩恵を届けようという思想です。そしてこの考えを推し進めると、返してくれるのは別にSQLである必要はなく、いきなり結果データなり洞察（インサイト）を返してくれたほうが手っ取り早いという考えにいきつきます。実際にそのような機能も開発されており、今回試したSnowflakeもCortexという機能を開発しています。イメージとしては、ChatGPTを使うようなイメージでデータベースを扱おうとするもので、問い合わせに対してクエリではなく分析を返してきます。

このように、ここ2-3年の間にSQLを完全に隠蔽しようという動きが急ピッチで進められており、私たちはますますマギーが1959年に予言した「自然言語でデータベースと対話する時代」に近づいていると言えるでしょう（**01-01節**参照）。ではこれから

---

[10] オブジェクト指向言語におけるオブジェクトと、リレーショナルデータベースにおけるレコードとの対応づけを行うORM（ORマッパー）の中にも、SQLを隠蔽する機能を持つものがあります。しかし、裏側で非効率なクエリが生成されてしまう（いわゆるN+1問題）など、なかなか理想的な状況とは言えない現状があります。

[11] 米国で言語を使わないグラフィカルな表現が発達した理由の1つには、英語を母語としない人々（ヒスパニック系やアジア系など）が一定数いるから、という理由があると思われます。驚くかもしれませんが、移民の国である米国には、英語を話せない（または不得意な）人が結構いるのです。**インフォグラフィクス**のように図表で情報を伝えようという分野が発達したのも、米国ならではの事情があるのではないかと思います。

長いエンジニア人生を送る読者の皆さんにとって、SQLを学ぶ価値は消え失せるのでしょうか。それもないだろうと著者は考えています。理由は、データ量や種類が増えれば増えるほどクエリに求められるパフォーマンスはシビアなものになるからです。

SSDなどによるフラッシュ革命があったことで、SQLのパフォーマンス問題も以前ほど壊滅的なものではなくなりました。しかし冷蔵庫と同じで、キャパシティが増えたらその分利用したくなるのが人間というものです。DBインスタンスをスケールアップ／スケールアウトしていけば解決するだろう、と思う向きもあるかもしれませんが、それはそれで金のかかる話です（クラウドベンダとしてはそのほうが課金してくれて嬉しいでしょうが）。そのため、効率的でエレガントなクエリを書く技術は、まだまだエンジニアにとっての基礎教養として生き残るだろうと思います（そのようなコスト最適化の動きを **FinOps** と呼び、今後数年でトレンドとなる可能性があります）。

また先述のように、AIは100%の正答を返してくれるわけではありません。クエリの正誤をチェックできるリテラシーが求められます。Copilot（副操縦士）という名前が示す通り、クエリジェネレータはメインパイロットになってくれるわけではないのです。以上の理由から、生成AIを最も有効に利用できるのは、コードの良し悪しを判断できるリテラシーと業務側の知識を兼ね備えたエンジニアになるだろうというのが、著者の予想です。インフラしか知らないDBエンジニアは、今後淘汰されるでしょう。

達人への道

エンジニアも業務知識を持ってこそAI時代を生き残れる

クエリジェネレータをエンジニアリングの中で使うのは、ハルシネーションや確率的回答などの問題で難しいのではないか、というのが著者の考えです。名前の通り、「副操縦士」として補助的に利用する分にはよいと思います。その点で、クエリジェネレータがいきなりDBエンジニアの職を奪うような事態は起こらないでしょう。むしろリテラシーの高いエンジニアほどこれを使いこなし、生産性を大幅に改善できるので、エンジニア間の格差が開いていく未来が待っている可能性が高いと思います。世の中には「生成AIがホワイトカラーを代替していく」という楽観論（あるいは悲観論）がありますが、そのような扇動的な物言いには、著者としては与するつもりはありません。

03-05
入れ子集合モデル
ー SQLのパラダイムシフト

　かつてSQLで木構造のような階層構造を扱うことは、非常に難しいとされてきました。リレーショナルデータベースの持つ唯一のデータ形式はテーブルですが、そのフラットな形式は木のような再帰的構造を扱うのに致命的に向いていなかったからです。あまりに向いていないので、木のようなグラフ構造を扱う専門のデータベースまで作られたほどです（Neo4jなど）。現在はその欠点を補うべく様々なモデルが考案されており、以前ほどリレーショナルデータベースで木構造を扱うことはアンチパターンではなくなってきました。本節では、そうしたモデルの一種である**入れ子集合モデル**（Nested Sets Model）を紹介します。このモデルは、初めて知るとき、ある種の感動を覚えます。「その手があったか！」というコロンブスの卵のような味わいがあるモデルなのです。

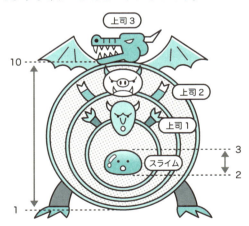

リレーショナルデータベースのアキレス腱

　2次元表によく似た「テーブル」という形式（tableには元々「表」という意味もありますが）を採用したリレーショナルデータベースは、その強力で便利な表現力を駆使して、

ありとあらゆるシステムの基幹データベースとして採用されるようになりました。今では、特に前置きなく「データベース」と言えば、暗黙のうちにリレーショナルデータベースを意味するほどです。2次元表は、生活の中で最もよく使う馴染み深い表現形式の1つですから、人間にとっても直感的に理解しやすく便利なものです。

しかし、誰にでも得意不得意というのはあるものです。リレーショナルデータベースは幅広いオールラウンダーではあるのですが、それでもいくつかの苦手な相手を持っています。その1つが本節で取り上げる「木構造」の取扱いについてです。

01-09節で、現在のリレーショナルデータベースとSQLにおける木構造の取扱いにおいては、隣接リストモデルと再帰共通表式がセオリーであると述べました。本節では、1歩進んだ新しいモデルを紹介したいと思います。それが入れ子集合モデルです。このモデル自体は、更新に難点を抱えているため木構造を扱う際のファーストチョイスとは言いがたいのですが、SQLという言語とリレーショナルモデルの柔軟性を極限まで活用した興味深いモデルであり、これを知ることで視界が一気に開けるような爽快感を経験することができます。ぜひ読者の皆さんにも著者がかつて味わった感動を体験していただきたいと思います。

入れ子集合モデルの概要

まず、入れ子集合モデルの概要をお話ししようと思います。このモデルは、アイデア自体は極めてシンプルです。それを一言で表すと次のようになります。

ノードを点ではなく面積を持った「円」として捉え、ノード間の階層関係を円の包含関係によって表す。

これだけ？ そう、たったこれだけです。次に見ていく詳細は、すべてこの基本命題の壮大な変奏にすぎないのです。

隣接リストモデルにおいては、各ノード（ここでは社員）は、文字通り結節「点」として考えられていました。この「点」は、直径も面積も持ちません。一方、入れ子集合モデル（Nested Sets Model）は、ノードを点ではなく面積を持った「円」として捉えるのです。

論より証拠、実際に見たほうがイメージをつかみやすいでしょう。テーブルの構成と入れ子集合のイメージ図を次に示します。

入れ子集合モデルのテーブル定義

```
CREATE TABLE OrgChartNestedSets
(emp  VARCHAR(32) NOT NULL,
 lft  INTEGER NOT NULL,
 rgt  INTEGER NOT NULL,
    CONSTRAINT pk_OrgChartNestedSets PRIMARY KEY (emp),
    CHECK (lft < rgt) );
```

図 03-12 入れ子集合モデルのイメージ図

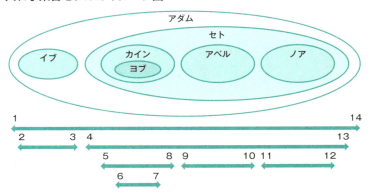

表 03-03 組織図（OrgChartNestedSets）

emp（社員）	lft（左端）	rgt（右端）
アダム	1	14
イブ	2	3
セト	4	13
カイン	5	8
ヨブ	6	7
アベル	9	10
ノア	11	12

　1行が社員1人を表すことは、隣接リストモデルと変わりありません。「上司」列の代わりに追加された列「左端」と「右端」が入れ子集合モデルのかなめです。これは円の左端と右端の座標を表現しています。したがって、「右端 － 左端」という引き算で円の直径を求めることができます。

このモデルに立って考えた場合、上司は自分の腹の中に部下を抱え込む格好になります。読んで字のごとく「腹心」です。したがって、上司が部下の円をきちんと包含できるように各円の座標を割り当てる必要があります。実際のところ、座標は一続きの連番である必要はないのですが（大小関係さえ保証されていればよい）、最初はわかりやすくするために、歯抜けのない連番で考えます。

入れ子集合モデルを使った検索

この入れ子集合モデルの大きな利点は、木構造を操作するためのSQL文が**再帰を使う必要がなく**、隣接リストモデルに比べて各段にシンプルになることです。まずは検索から見ていきましょう。

ルートとリーフを求める

木の操作で最も基本となるのは、ルートとリーフのノードを探すことです。入れ子集合モデルでこれらを求めることは非常に簡単です。まず、ルートは必ず左端の座標が1になるので、こうなります。

ルートを求める
```
SELECT *
  FROM OrgChartNestedSets
 WHERE lft = 1;
```

結果

```
 emp   | lft | rgt
-------+-----+-----
 アダム |  1  | 14
```

一方、リーフとは自分の中に他の円を1つも含まない円のことです。これは次のように、「組織図」テーブルを上司と部下に見立てて自己結合を行います。

リーフを求める

```
SELECT *
  FROM OrgChartNestedSets Boss
 WHERE NOT EXISTS
       (SELECT *
          FROM OrgChartNestedSets Sub
         WHERE Sub.lft > Boss.lft
           AND Sub.lft < Boss.rgt);
```

結果

```
 emp    | lft | rgt
--------+-----+-----
 イブ   |   2 |   3
 ヨブ   |   6 |   7
 アベル |   9 |  10
 ノア   |  11 |  12
```

　また、これと同じ考え方を使えば、ルートの左端の座標が1でない場合でも、ルートを求めることが可能です。ルートとはリーフの裏返しで、他のどんな円にも含まれない円、ということですから、次のように記述できます。

ルートを求める（左端が1でなくてもOK）

```
SELECT *
  FROM OrgChartNestedSets Sub
 WHERE NOT EXISTS
       (SELECT *
          FROM OrgChartNestedSets Boss
         WHERE Sub.lft > Boss.lft
           AND Sub.rgt < Boss.rgt);
```

結果

```
 emp    | lft | rgt
--------+-----+-----
 アダム |   1 |  14
```

木の深さを求める

　残りの木の操作も、すべてこの「包含関係」の応用で記述することができます。ある
ノードの「深さ」(階層の位置)を求める場合は、「自分を包含する円が何個あるか」とい
うふうに「包含関係」に翻訳してやればよいのです。

ノードの深さを計算する
```
SELECT Sub.emp, COUNT(Boss.emp) AS depth
  FROM OrgChartNestedSets Boss INNER JOIN OrgChartNestedSets Sub
    ON Sub.lft BETWEEN Boss.lft AND Boss.rgt
  GROUP BY Sub.emp;
```

結果
```
emp    | depth
-------+-------
アダム |    1
アベル |    3
イブ   |    2
カイン |    3
セト   |    2
ノア   |    3
ヨブ   |    4
```

　このSQLでは、BETWEENを使っているので、自分も数えています。もし深さを0から
始めたければ、不等号の条件に変えて自分を除外するか、あるいは単純にSELECT句
の深さを計算している箇所を「COUNT(上司.社員) - 1」としてもいいでしょう。木の「高
さ」を求める場合も、この結果から最大の深さを求めてやれば、「4」という結果がすぐ
に導き出せます。

入れ子集合モデルを使った更新

　このように入れ子集合モデルは、木構造の検索においては大きな力を発揮します。し
かし一方で、更新については問題を抱えています。今からその問題を見ていきます。

ノードの追加

　組織である以上、恒常的に人事異動が発生します。そのため、木の形も常に変化して

いきます。新たに雇われた社員がいればノードを追加する必要がありますし、退職した社員がいればノードを削除する必要があります。また昇進／降格といった人事異動によって、社員同士の関係が変化することもあるでしょう。

まずノードを追加する場合は、リーフとして追加するのか、親として追加するのかによって処理が分かれます。基本はリーフを追加する場合を考えればよいため、こちらを取り上げます。たとえば、イブの配下に新たにイサクを加えることを考えましょう。この場合、イブの座標は (2, 3) ですから、**整数値を使う以上**、部下のノードを抱え込むことができません。そこでまずは、イブの円を広げてやることから始めます。

[第 1 段階] 追加するノードの席を空ける

```sql
UPDATE OrgChartNestedSets
   SET lft = CASE WHEN lft > 3
                  THEN lft + 2
                  ELSE lft END,
       rgt = CASE WHEN rgt >= 3
                  THEN rgt + 2
                  ELSE rgt END
WHERE rgt >= 3;
```

結果 イブより右のノードが右へずれ、隙間が生まれる

```
 emp   | lft | rgt
-------+-----+-----
 アダム  |  1 | 16
 イブ   |  2 |  5 ·····部下(3, 4)を持つ余裕が生まれた
 セト   |  6 | 15
 カイン  |  7 | 10
 ヨブ   |  8 |  9
 アベル  | 11 | 12
 ノア   | 13 | 14
```

これでイブの円が広がりました。あとはイサクを追加するだけです。

[第 2 段階] イサク氏を追加する

```sql
INSERT INTO OrgChartNestedSets VALUES ('イサク', 3, 4);
```

イサクを追加したあとの組織図の入れ子集合のイメージは次のようになります。イブの円が広がり、イブより右側の円たちが右にずれていることがわかります。

RDB・SQL 進化論 03

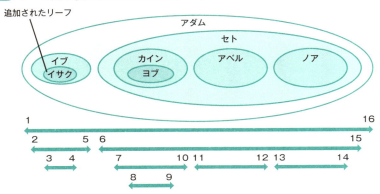

図 03-13 リーフ追加後の入れ子集合のイメージ

　実はこの例にも見られるような「更新対象と無関係な円の座標も連動して更新しなければならない」という点が、入れ子集合モデルの最大の弱点です。これは動かす円の数が増えれば増えるほど、更新対象のレコードも増えるということです。データ量が多い場合には、更新負荷とロック競合によって深刻なパフォーマンス問題を引き起こします。

　この問題にどう対処するかという点については次節に譲るとして、ここはひとまず、ノードの削除のケースも見ておきましょう。

ノードの削除

　リーフを削除する場合は、単純にそのレコードを削除するだけなので非常に簡単です。末端社員の首を切るのはいつでもやりやすいものです。対して、部下を抱えている上司の首を切るときは、いろいろ考えることがあります。まず、その上司1人だけを削除するのか、それとも部下も連座して削除するのかで処理が分かれます。上司1人だけを削除する場合も、その上司のレコードを削除するだけなので話は簡単です（あとで後任の人間を設定する場合はまた別途処理が必要ですが）。一方、部下も連座して削除する場合は、そのノードに含まれるノードも一括で削除します。たとえば、カインを解雇すると、部下のヨブも連座して解雇されます。

　これを実現するには、次のようにノードの座標を範囲指定して削除します（MySQLではこのSQL文はエラーになるため、事前にカインのlft、rgtの座標を求めておく必要があります）。

部分木の削除 - カインを解雇（ヨブも連座）
```
DELETE FROM OrgChartNestedSets
  WHERE lft BETWEEN (SELECT lft FROM OrgChartNestedSets WHERE emp = 'カイン')
              AND (SELECT rgt FROM OrgChartNestedSets WHERE emp = 'カイン');
```

187

この削除によって、座標には歯抜けの値が生まれたわけですが、これは更新しなくても問題はありません。入れ子集合では、座標の絶対値が重要なわけではなく、**包含関係という相対的な関係**が保持されていれば十分だからです。そして、この「相対関係さえ維持されていればOK」という考え方が、入れ子集合モデルの更新時のパフォーマンス問題を解決する鍵になるのです。それを次節で見ることにします。

達人への道

発想の大胆な転換をしてみよう

木構造を入れ子集合として捉え直すことで、極めて斬新なデータモデルが可能になることを見ました。入れ子集合モデルは、そのエレガントさが多くのエンジニアを惹きつけてやまない美しいモデルです。しかし、更新時のパフォーマンスと整合性の保持に難点を抱えています。これを解消する「未来のモデル」について、次節で見ることにしましょう。

COLUMN　入れ子集合モデルは「位置による呼び出し」ではないのかという批判

01-08節において、RDBとSQLはデータの位置という低レベルの概念を完全に廃して、代わりに名前による呼び出しに置き換えたのだ、ということをお話ししました。その観点から見れば、配列型やORDER BY句における列番号の指定などは言語道断の機能ということになるわけです。

ところで、だとすれば入れ子集合モデルもやはり同じ観点から批判されねばならないのではないでしょうか。というのも、このモデルではノードを左端と右端の座標という位置概念を使って管理しているのですから。これはSQLがかつて追放したはずの位置という概念を再び**密輸入**する所業なのではないでしょうか。

これはかなり痛いところをついた批判だと思います。実際、座標というデータの位置に頼っているから更新時に面倒なことになるのです。データの位置などという"亡霊"を再び呼び出す必要など、本当はなかったのではないか。このモデルの根本的な欠陥は、RDBとSQLがかつて乗り越えた地点へ戻ろうとするから発生するものなのではないか。

この鋭い批判に対して、入れ子集合モデルをどう擁護するか、という点については次節で見ることにします。部分的にですが、データの位置情報に頼ることによる更新時の不便さを解消するモデルが考えられているのです。

03-06 入れ子区間モデル
― もしも無限の資源があったなら

入れ子集合モデルは座標に整数を使いました。これを実数にまで拡張することで、新たな地平――入れ子区間モデルが拓けます。これは入れ子集合モデルの欠点であった更新処理の煩雑さを、かなりの程度解決するモデルです。しかし、実数の精度は現実的には実装により制限されているため、このモデルが実用化されるにはまだ未来のデータベースを待たなければなりません。

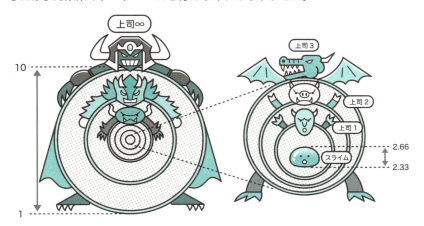

無限の資源を見つけた？

前節で確認したように、入れ子集合モデルの欠点は、ノードを挿入（追加）するときに自分より「右側」にある無関係なノードをもっと右へずらさなければならないことでした。あらかじめノード間の座標に隙間を作っておいて初期データを登録するという対処方法もありますが、根本的解決ではありません。このリソース枯渇の問題は、座標に整数を使う以上、原理的に不可避なものです。

使っても使っても尽きない資源

　整数——と著者は述べました。ここが本節のポイントです。実際のところ、入れ子集合の左端／右端の座標に整数を使う必要はあるのでしょうか？

　この答えは「別にない」となります。たしかにキリのいい整数値を使えば、図示したときに互いの円の関係がわかりやすい、というだけで、実用的な観点から考えれば整数を使う必要は別にないのです。そこで、座標のとれる範囲を整数から実数にまで広げることが、有効な解決策になります。

図03-14 実数

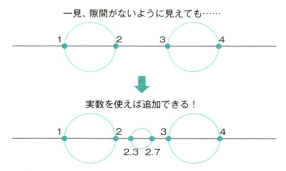

座標のとれる範囲を整数から実数にまで広げたら……

　このように円の左端／右端の座標値として、とれる範囲を実数まで広げた入れ子集合モデルの拡張版が**入れ子区間モデル**（Nested Intervals Model）です。

　実数はその定義上、無限にあります。かつ、どんな2つの実数の間にも無限にギッシリ詰まっています（この性質を**稠密性**と呼びます）。したがって、どんなに隙間がないように見える2つの円の間であっても、新たに何個でも円を追加できてしまうのです。実数とは、使っても使っても減らない、夢のようなリソース無限の世界なのです。

　もちろんお気づきの通り、これはあくまで理論上の話です。実際には実数型と言えどもDBMSにおいて定義された有効桁数が限界になるので、小さな隙間に円を追加することを繰り返せば、遠からず枯渇するときがきます。その意味で、これは「未来のモデル」と言えるでしょう。現状の有効桁数が不十分であったとしても、将来、これが拡張されて条件が整えば、リレーショナルデータベースで木構造を扱う有効な手段になると著者は考えています。

入れ子区間モデルを使った更新

　入れ子区間モデルでは、検索のクエリは入れ子集合モデルと同じになります。違いが生じるのは更新のSQL文です。前節で懸案だったノード追加が入れ子区間モデルではどのようになるかを見てみましょう。

　前節の「入れ子集合モデルを使った更新」(p.185) と同様に、イブ氏の下にイサク氏を部下としてつけることを考えます。入れ子区間モデルでは、リーフノードであるイブの (2, 3) の円の中にもノードの座標をとることが可能です。その座標を決める方法は難しくありません。挿入対象としたい区間の左端座標をplft、右端座標をprgtとすると、次の数式によって自動的に追加ノードの座標を計算できます。

追加ノードの左端座標 → (plft × 2 + prgt) ÷ 3
追加ノードの右端座標 → (plft + prgt × 2) ÷ 3

　なぜこれでうまくいくかというと、上記4つの座標について、必ず次の関係が成立するからです。

plft < (plft × 2 + prgt) ÷ 3 < (plft + prgt × 2) ÷ 3 < prgt

　この理由は、各辺を3倍してみるとわかります。

plft × 3 < plft × 2 + prgt < plft + prgt × 2 < prgt × 3

　plftは区間の左端、prgtは区間の右端であるという定義から、明らかにplft < prgtです。したがって、plft × 3 < plft × 2 + prgtが成り立ちます。同様に、plft × 2 + prgt < plft + prgt × 2とplft + prgt × 2 < prgt × 3も成り立ちます。

図 03-15 更新座標

　この式に従えば、新たに追加するイサクの円の左端と右端の座標は、次のように求められます。

イサク氏の左端 → (2 × 2 + 3) ÷ 3 = 2.3333….
イサク氏の右端 → (2 + 3 × 2) ÷ 3 = 2.6666….

あとは求めた座標の円を挿入すれば完成です。図示するように、無関係なノードの座標をずらすことなく、新規ノードを追加することができました。

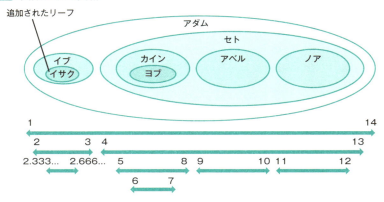

図 03-16 実数による更新

実数を使えば、ノードをずらさなくても追加が可能

このように、入れ子区間モデルは、入れ子集合モデルの基本的な発想を踏襲しつつ、欠点を克服した進化版のモデルだと言えます。これまでリレーショナルデータベースが苦手と言われていた木構造を柔軟に表現する方法であるため、今後の応用が期待されるところです。ただし、そのためには十分な実数の有効桁数が必要になるため、現行のリレーショナルデータベースの実装でこのモデルを採用することは難しいと言わざるをえません。いずれ未来のデータベースにおいて、この手法がスタンダードの座を射止める日がくるでしょう。

達人への道

時には未来のデータモデルを考えてみよう

入れ子区間モデルは、基本的なアイデアは入れ子集合モデルを踏襲していますが、座標として利用できる資源を整数から実数に拡張することで更新時の煩雑さを軽減できる夢のモデルです。しかし、現在のリレーショナルデータベースではまだ採用はできない未来のモデルでもあります。

COLUMN 入れ子集合とフラクタル

入れ子区間モデルでノードを挿入するときに使った公式をもう一度思い出してください。

追加ノードの左端座標 → (plft × 2 + prgt) ÷ 3
追加ノードの右端座標 → (plft + prgt × 2) ÷ 3

この公式は、区間（線分）を3分するための2点を与えるものでした。その2点を新たに追加するノードの左端と右端の座標に使ったわけです。そして、実数の稠密性から、理論的にはこの公式を繰り返し適用することによって、いくらでも小さな入れ子集合を作っていくことが可能になります（図03-17）。

図03-17 無限

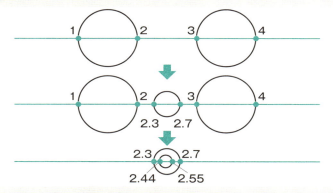

こういう自己相似的な図形を**フラクタル**と呼びます。フランスの数学者マンデルブロ（1924-2010）が1977年に論文で定義した概念で、海岸線や樹木の形など自然界にも多く存在することが知られています。入れ子集合はフラクタルな図形の一種です。他にも、シェルピンスキーのギャスケット（図03-18）やコッホ曲線（図03-19）など、様々な種類のフラクタル図形が知られています。

図03-18 シェルピンスキーのギャスケット

図 03-19 コッホ曲線

フラクタルは、入れ子集合モデルや入れ子区間モデルがそうであるように、定義上、大きさを無限に小さくしていくことが可能です。マンデルブロは、このフラクタルを株価のチャートの中にも発見したといいます。自然界だけでなく、人間のランダムな行動の集積の中にまでフラクタルが存在するとなると、神秘的な気持ちになると同時に、少し頭がクラクラしてきます。

入れ子集合モデル（および入れ子区間モデル）と特に関係の深いフラクタルを挙げるならば、それは**カントール集合**です。ドイツの数学者カントール（1845-1918）が考案したもので、線分を3等分し、得られた真ん中の線分を取り除く、という操作を繰り返すことで作られる線分の集合です（**図03-20**）。お気づきのように、この操作は入れ子区間モデルで新たな円を追加するときの操作と原理的に同じです。入れ子区間モデルのアイデアの源泉はこのカントール集合にあります。

図 03-20 フラクタル図形「カントール集合」

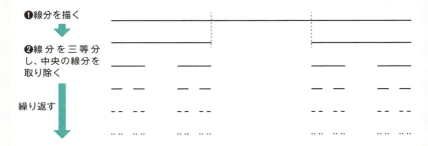

カントールは集合論の創始者として知られる大数学者ですが、その集合論はリレーショナルデータベースの基礎にもなっている理論です。彼は20世紀前半に亡くなっているため、リレーショナルデータベースの登場を見ることはありませんでした。その彼がモデリング技法において再び関係しているというのも、また面白いところです。

03-07 マルチクラウド時代のデータベース

　すでにクラウドの利用は当たり前のものとなり、欧米では今まさにマルチクラウドの時代が到来しようとしています。その時代においては、データベースのような複雑なソフトウェアに対しても、ポータビリティが求められるようになります。そのためには、データベースもKubernetes上で動作させることが求められます。本節ではDatabase on Kubernetes戦略を中心に、どのようにマルチクラウド化が進展しているかを概観します。

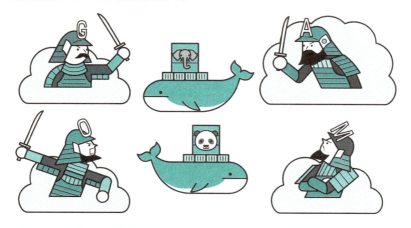

4割の金融機関がマルチクラウドを志向する

　2023年にSnowflake社が実施したアンケート調査によれば、現在37%の金融機関がマルチクラウドの採用を検討しています[12]。このようなマルチクラウドへの流れが起きている理由の1つに、2023年に欧州でデジタルオペレーションレジリエンス法（通称DORA）が成立し、2025年1月より適用開始されることが挙げられます。DORAの

---

[12] "37% of financial firms are choosing to adopt a multi-cloud strategy, Snowflake"：https://techxmedia.com/37-of-financial-firms-are-choosing-to-adopt-a-multi-cloud-strategy-snowflake/

規制対象は欧州における約22,000の金融機関やICTサービスプロバイダに及ぶとされ、DORAがフォーカスする分野の1つである「ICTサードパーティのリスク管理」においてマルチベンダ戦略を採用することが挙げられています。現在は、各金融機関がDORAへの準拠を急ピッチで進めている状況にあり、これがマルチクラウドへの流れを後押ししているわけです。このとき重要になるのが、データベースをいかにしてマルチクラウド対応させるかということであり、そのために鍵となる技術がコンテナとKubernetesです。

コンテナとデータベースの相性

コンテナが出始めた頃、これはフロントエンドのアプリケーションに適用する技術であって、データベースには関係のないものだと著者は考えていました。データベースは、上げたり落としたりを激しく繰り返すようなソフトウェアではありませんし、ストレージへデータを出力することでデータ整合性を意識せねばなりません。また、バックアップやクラスタリング、レプリケーションも行わねばならないのです。このようなことから、本来的にエフェメラルな存在であるコンテナとの相性がよいとは到底思えませんでした。実際、2020年頃までは「Kubernetes上でデータベースを動かすのは、アンチパターン」と言われていた時代もあるのです[13]。

しかし2024年現在から振り返ると、「自分には見る目がなかったなあ」と思わざるをえません。というのも、新しいデータベース製品群（**03-01節**、**03-02節**で見たNewSQL）は、皆当たり前のようにコンテナ化してKubernetes上で動作するようになっているからです。ユーザからの見た目はDBaaSという形をとっていても、内部でKubernetesを利用しており、複数のクラウドに容易にデプロイできるようになっています。このようなことが可能になった背景には、Kubernetesへ永続層を提供するコンテナ・ネイティブ・ストレージの発達が1つの要因として挙げられます（製品としてはRookやOpenEBSなどがあります）。

緩衝材としての Kubernetes

いわばKubernetesは、クラウドベンダ独自のハードウェアレベルの差異を吸収する緩衝材としての役割を果たしているわけです（**図03-21**[14]）。

[13]小林隆浩「PostgreSQLの主要コントリビューター「EDB」が語る、クラウドネイティブデータベースの現状」：
https://atmarkit.itmedia.co.jp/ait/articles/2309/19/news006.html
[14]本節の議論は、小林氏の議論に大きな示唆をいただいています。

図03-21　KubernetesによりDBのポータビリティを高める

【Kubernetesは低レイヤの差分を吸収する（小林隆浩氏作成の図）】

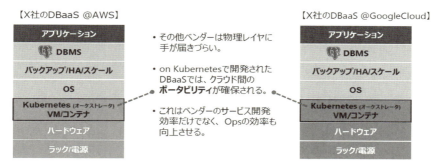

[出典] 齋藤公二「DBaaSのトレンドは「Kubernetes対応」と「マルチクラウド」 NTTデータ小林氏が語る、クラウドネイティブなデータベースの今と選定のポイント」: https://atmarkit.itmedia.co.jp/ait/articles/2405/31/news011.html

　クラウドにおけるHWレイヤというのは、他ベンダやSIerにとっては手を出しづらい領域です。そこの差分を吸収する形でKubernetesがクラウド間のポータビリティを担保しています。このようにKubernetesを利用してDBaaSを作るというのは昨今のトレンドとなっており、次のようなデータベースでKubernetesを利用するとマルチクラウド展開を実現できます。

- EDB Postgres AI Cloud Service（EDB）
  https://www.enterprisedb.com/products/edb-postgres-ai-cloud-service

- YugabyteDB Aeon（Yugabyte）
  https://docs.yugabyte.com/preview/yugabyte-cloud/

- TiDB Cloud（PingCAP）
  https://tidbcloud.com/signup

- Managed CockroachDB（Cockroach Labs）
  https://www.cockroachlabs.com/blog/launching-managed-cockroachdb/

また、Oracle RACのように元来クラウドで動作することを想定していなかった複雑なアーキテクチャを持つデータベースも、Kubernetes上で動かせるようになってきています[15]。

CockroachDBの開発元であるCockroach Labsは、マネージドサービスを使うことのメリットを次のように語っています[16]。

> *CockroachDBは**クラウドに依存しない**ため、お客様のビジネスニーズが変化しても、ダウンタイムなしで、ピークロード時であってもクラウドサービスプロバイダから別のクラウドサービスプロバイダへ移行することができます。*
> *※訳文・強調は引用者によるもの*

このようにデータベースのレイヤにおいても、Kubernetesによって高いポータビリティを実現することが担保されるようになってきています。冒頭で著者が「見る目がなかったなあ」と慨嘆した理由もおわかりいただけたのではないでしょうか。

Googleの策謀

Googleは、KubernetesをApache2.0ライセンスのOSSとして開放してくれました。そのおかげで様々なベンダがこの技術を使って、サービスやソフトウェアを作れるようになりました。今やクラウドベンダは皆、Kubernetesのマネージドサービスを持っています（Amazon Elastic Kubernetes Service（EKS）、Azure Kubernetes Service（AKS）、Google Kubernetes Engine（GKE））。しかし著者には、Googleがただの善意でKubernetesを開放したとは思えないのです。そこにはクラウドベンダとしての深慮遠謀があるのではないかと思います。つまり、アプリケーションやデータベースをon Kubernetesで動かすことが一般化することで、ベンダロックインを回避できるようになり、他クラウド上で動いていたシステムのマイグレーションを容易にする目論見があるのではないか。一言で言えば、現在シェアトップである**AWSからの引き剥がし**を容易にするための戦略があるのではないか、ということです。

もちろんこれは、Google Cloudから他のクラウドへのマイグレーションも簡単になることを意味するわけで、「使い慣れているからAWSを使う」みたいな時代が終わり、クラウドサービスプロバイダとしての実力ベースの殴り合いの時代が到来することを意

---

[15]「Oracle Databases for Containersと Oracle Databases for Kubernetes」: https://www.oracle.com/jp/database/kubernetes-for-container-database/
[16]"Announcing Managed CockroachDB: The geo-distributed database as a service": https://www.cockroachlabs.com/blog/launching-managed-cockroachdb/

味します。ユーザから見れば競争が促進されることでクラウドがさらに使いやすいものになり、価格競争も激しくなるからよいことのように思われますが、クラウドベンダから見ると、今まで以上に試練の時代が訪れることを意味します。Googleはクラウドベンダとしてはシェア第3位のチャレンジャーの立場ですから、上記のような積極果敢な戦略が有効な可能性が高いと踏んでいるのだと思われます（**図03-22**）。

図03-22 クラウドシェア

シェアで見るとGoogle CloudはまだAWSの3分の1程度

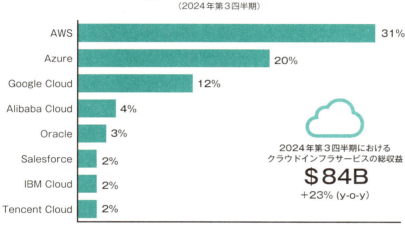

[出典] Felix Richter, "Amazon Maintains Cloud Lead as Microsoft Edges Closer"：https://www.statista.com/chart/18819/worldwide-market-share-of-leading-cloud-infrastructure-service-providers/

　現在、クラウドベンダ界は戦国時代とも言えるような激しい戦いが繰り広げられており、AWSとその他という形で合従連衡が組まれています。GoogleもそのAWS包囲網に参加しており、Azureとの間で専用線接続（Cross-Cloud Interconnect）を行っているほか、2024年6月にはOracleとの歴史的な和解を果たしました[17]。従来、Oracle

---

[17]「オラクルと Google Cloud、画期的なマルチクラウド・パートナーシップを発表」：https://cloud.google.com/blog/ja/products/gcp/oracle-and-google-cloud-announce-multi-cloud-partnership

とGoogleの仲は冷え込んでいましたが、その理由はAPIに関わる訴訟に起因します。2010年に、Oracleが「AndroidがJava APIを利用しているのは著作権違反である」として1兆円（当時での概算額）の賠償金を求めた裁判を起こしました。最終的には2021年に最高裁でGoogleが勝訴して決着を迎えましたが、両社の仲はそれ以来没交渉でした。そんなこともあって、これまではOracle DatabaseをGoogle Cloudで動かすことがライセンス的に許されていなかったのですが、対AWSという一点において利害が一致した両社が、ついに手を組むことになったのです。マルチクラウド時代への時計の針がまた1つ進んだ瞬間だったと言えるでしょう。そのすぐあとにOracleがAWSとの提携も発表したときは「Oracle……」と思いましたが、まあ仕方ありません。

達人への道

DBエンジニアもマルチクラウド時代に備えるべし

データベースをKubernetes上で動かすという選択肢は、かつては難しいうえに、やる意義もない話だと思われていました。しかしマルチクラウド時代の到来を迎えるとともに、クラウド間のポータビリティを担保する手段として一般化しました。現在、クラウドの世界は戦国時代とも言える様相を呈しており、各ベンダが合従連衡を組んで相互連携を強めています。これもDatabase on Kubernetesを促進する一因になっています。Kubernetesはマルチクラウド時代のキーテクノロジーと言ってよいでしょう。そしてそこには、Googleの深慮遠謀——あるいは策謀——があるのです。

Don't be evil.

Chapter **04**

職業としての
エンジニア

　Chapter04では、リレーショナルデータベースと
SQLから少し離れて、エンジニアとしてのキャリアや
仕事の進め方といった、いわゆる「仕事論」について
語ってみようと思います。お前がそんな人に語れるこ
とがあるのかね、と言われそうですが、著者も25年
近くIT業界で過ごし、エンジニアだけでなく様々な
職種を経験してきました。特に大きく影響を受けたの
が、米国への赴任および米国人と一緒に仕事をした経
験です。著者の米国流の仕事の仕方に対する思いは、
複雑なものがあります。散々てこずらされた部分もあ
るし、見習うべき部分もあるというアンビバレントな
感情を抱えています。そうした米国から学んだ知見
を、なるべく歪曲することなくストレートに読者の皆
さんにも共有できればと思います。

04-01

実現すべき自己などないとき

　データベースエンジニアというのは少し特殊な仕事で、本当にデータベースを作っているエンジニアを除けば、アプリケーションエンジニアやインフラエンジニアがデータベース「も」触っている兼業のケースがほとんどです。データベースを専門にしている人は、IT業界を見回してもそんなにいません。著者も自分のキャリアを振り返ると、ほとんどの期間は兼業データベースエンジニアでした。

　著者がデータベースの世界に足を踏み入れたのは偶然でしたが、幸運なことにそこで学生時代に学んだ論理学や分析哲学の知識との結びつきを見出すことで、その奥深い世界へ降りていくことができるようになりました。そのあと、パフォーマンス専門チームに所属し、業務レイヤからインフラレイヤまで一気通貫にデータベースを見る機会に恵まれ、データベースという分野を一通り概観できるようになりました。正直、著者のキャリアを振り返ってみると、かなり偶然に左右された結果なので読者の皆さんの役に立つかは疑問なところもあるのですが、ケーススタディの1つとして自分史を掘り起こしてみたいと思います。この話から皆さんにとってのヒントを抽出してみるとすれば、あとから振り返って自分にとってチャンスだったと思える機会は、そのときはただの偶然の出会いという貌をしてやってくるので、なるべく**オープンマインド**でそれを受け入れる、ということです。

かなりの例外ケースではあるけれど

　書籍というのは、書き手の持つ知識のバックグラウンドや人生の変遷というものを知らなくても読めるようになっているべきですし、著者がこれまで書いてきた本もその原則にのっとって書いているつもりです。しかし本書の場合、ある意味で著者の頭の中を**ダイレクトにダンプ**しようという試みであるため、学生時代や新社会人〜中堅社会人あたりの時期にどのようなことを考え、どのようなキャリアを歩んできたかを明らかにすることにも意味があると思われます。どの程度再現性のあるキャリアなのかとか、他人

に勧められるものかと問われると、正直かなりの例外ケースなので「うーん、どうかなあ」と思ってしまうところもあります。ともあれ、1人のデータベースエンジニアが誕生した経緯を残しておくことにも多少の意味はあると思います。

学生時代 — 論理学と分析哲学との出会い

　キャリアについてどこから話を始めようかと考えたとき、一般的には社会人になったときを出発点とすることが多いと思いますが、まずは大学時代のことを簡単に振り返っておきたいと思います。なぜなら大学時代に論理学や分析哲学と出会ったことで、文系ど真ん中の進路を進んでいたところを、少し理系よりの分野に足を突っ込むことになるからです。

　著者が入学した大学は、実学重視が叫ばれる昨今では珍しく、教養課程を設けている学校でした。著者は歴史を学ぼうと思って入学したため、文学部相当のカテゴリに割り振られていました。しかし、1、2年生は全員教養学部に入れられて、自分の専門とは関係のない分野の講義もとることが奨励されていました。そこで著者も「社会心理学」や「生命倫理学」など、興味の赴くままに様々なジャンルの講義を聴講していたのですが、その中の1つに「**記号論理学**」の講義がありました。なぜこの講義を受講したのかはあまり覚えていないのですが、学生の間でも面白いと評判の講義だったから、という程度の漠然とした理由だったと思います。そして、そこで衝撃的な出会いをすることになります。

フレーゲ、ラッセル、ウィトゲンシュタイン

　記号論理学の講義内容は、命題論理の導入から真理表、真理値分析といった基本的な方法論を学び、そのあとに述語論理に進んで述語や量化の概念を学ぶといったオーソドクスなものでした。そこで面白かったのが、講義を担当された先生がちょくちょくフレーゲ、ラッセル、ウィトゲンシュタインといった哲学者たちの考えを披瀝してくれたことです。フレーゲの論理主義のプログラムとラッセルのパラドックス、ラッセルの固有名についての（突拍子もない）理論、ウィトゲンシュタインの『論理哲学論考』が何を語った書物なのかといった小話を聞くうちに、「何だか面白そうだな」と思ったのです。その先生はのちにウィトゲンシュタイン研究で有名になるのですが、当時はまだ若手の助教授でした。今振り返ると、学生たちに自然な形で分析哲学の初歩を教えてくれていたのだということがわかります。

　3年生になって、無事に文学部西洋史学科に進学したものの、相変わらず関心は論理

学や分析哲学のほうにあり、そうした関連の書物ばかり読んでいました。こういうとき
に助かったのが、歴史学には鷹揚というかいい加減というか、どんな時代の何のジャン
ルでもテーマにできてしまう懐の深さがあり、世の中にはお茶の歴史とか匂いの歴史な
ど、そんなの研究テーマになるのかというようなテーマの研究もあります（どちらの分
野にも名著があります）。したがって、100年前の哲学者や数学者の日記を読んでいて
もまったく怒られることはありません。教授と話しても、

「最近はどんな本を読んでいるんだい」
「はい、ウィトゲンシュタインの第一次大戦中の日記を読んでいます」
「ほう、面白そうだね。難しいかね」
「はい、難しいですが面白いです」
「けっこう、けっこう」

というような感じで、あれこれ指図を受けた覚えがほとんどありません。単に放任主義
だったとも言えますが。

　当時ハマっていたこととして、2chという匿名掲示板の哲学板に出入りしていました。
ひろゆき氏が作ったことで知られる巨大なアングラ交流サイトです。そこには哲学や論
理学、数学を専門とする大学生、大学院生やプロの研究者とおぼしき人々が蝟集（いしゅう）してお
り、日夜議論を交わしたり、オンライン読書会を開いたりしていました。「ミック」と
いう今も使っているペンネームは、元々2chで使っていた固定ハンドル名（いわゆるコ
テハン）です。オフラインよりはオンライン空間のほうで勉強していたような日々でし
た。当時のインターネットは電話回線を使った従量制課金だったため、夜間帯の電話料
金が定額になる時間を狙ってみんなで集合し（テレホーダイって知ってる？）、夜な夜
な勉強会が開催されていました。そういう意味では、著者は**インターネットを勉強の道
具に使った**最初の世代と言えるかもしれません。今も同好の士が集まるインターネット
掲示板はありますが、あの頃の熱気にはかなわないと思います。

新入社員 ― リレーショナルデータベースとの出会い

　そんなこんなで大学4年間を過ごし、言語哲学の歴史をテーマに卒論を書いて卒業と
相成ったわけですが（ほとんど指導らしい指導はなかったが、評価はAをもらいまし
た）、就職先はあまり真面目に考えていませんでした。というか、文学部に進学するよ
うな人間でそもそも就職を真面目に考えるような人間はいません。折しも、自分が卒業
した2001年は就職氷河期の真っただ中で、あちらこちらを受けてみるものの落ちると
いうことを繰り返していました。同世代の多くの人たちが同じ経験をしたでしょう。そ

職業としてのエンジニア　04

んなときに引っかかったのが、某SIerでした（今現在働いている会社とは違います）。まあプログラミングも面白そうかな、という程度の軽い気持ちでそこへ入社することにしました。もちろん、学生時代にプログラミングの経験はなく、情報工学の知識もゼロの状態でした。当時大量発生したいわゆる「**文系SE**」の1人です。

　今はどうかわかりませんが、2000年代前半は大量の文系が職にあぶれてSEに流れ込んだ時代でした。会社側もそのことをよくわかっており、新人研修ではJava、C++によるコーディング、当時の流行りだったオブジェクト指向の考え方、SQLの基礎や正規化など、かなり手厚い研修プログラムが組まれていました。第二種情報処理技術者（現在の基本情報技術者にあたる資格）は学生のうちに取っておくように、というお達しがあり、多くの新入社員がすでに資格持ちの状態でした（自分も学生時代に取りました）。そのため、総じて新入社員としては最低限のリテラシーは持っているという状態だったと思います。会社としても採用人数を絞っている以上、少数精鋭で鍛える必要を感じていたのでしょう。

　研修のあと、医療関係の部署へ配属され、そこでは業務系の知識をたたき込まれました。いわゆるレセプト（診療報酬明細書）の読み方です。おかげで今でも怪しげながらレセプトを読むことができます。医科や歯科の点数がどのように加算されているのか、内幕がわかったのは興味深かったのですが、肝心の医療事務の試験で同期社員のうち著者1人だけが落ちてしまいました。おそらくその結果を見て、「こいつに業務系は無理だな」という判断が下されたのでしょう。自分だけ医療統計のチームに配属されました。レセプトの情報を使って、どういう属性の人がどういう病気になりやすいかといった分析を行う、今でいうビッグデータのはしりのようなことを行っていたチームです。扱っているデータは数百GB程度でしたが、当時としては十分に大規模でした。

　そして、ここで2つ目の運命の出会いがあります。

　「君さ、Oracleやってみない？」

若手時代 ー Oracle との格闘

　指導係の先輩から告げられたのは、データベースをやってみないかという提案でした。

　「データベース、ですか？」
　「そう、データベース。覚えておくと食いっぱぐれしないよ。データが増えていくこれからの時代に伸びる技術だ」
　「はあ……わかりました」

205

当時のOracleはバージョン8iで、まだRACも登場していませんでした。インストールするだけでも2～3日かかるのも当たり前という時代です。最初、データベースがどんなソフトウェアかまったく知りませんでしたが、何となく大量のデータをためておく場所なのだろう、くらいの認識でした。他に思いつく選択肢もないので、素直に新米DBAとしてOracleと向き合う日々が始まりましたが、これがまあ難物でした。

　同じチームの人たちが分析系の様々なクエリを投げるわけですが、まともに返ってこない。恐ろしく時間がかかるうえにエラーも出るのです。

「おーい、こっちのクエリ、もう2時間返ってこないんだけど」
「こっちは1時間も待ってエラーが出たよ」
「一時表領域の拡張エラーだってさ」
「ありゃ、ORA-600だ」
「は、はいはい！ 少々お待ちを！」

　そう、当時のデータベースは（今もある程度その傾向は残っていますが）性能問題の宝庫だったのです。まだSSDやフラッシュなどという気の利いたストレージは登場していません。あるのは低速のハードディスクだけです（ひと玉100～200IOPS程度）。そのようなわけで、新米エンジニアとして最初の仕事は、Oracleの吐く多様なエラーへの対処とクエリのチューニングでした。

　Oracleのエラーについては先輩たちに聞きながらなんとか対応ができたものの、問題はチューニングのほうです。当時はチューニングに関して解説されたまともな書籍やWebサイトはなく、わずかな英語情報を手がかりに手探りでの仕事になりました。チューニングを通してSQLを触っているうちに、何だか奇妙なことが多い言語であることに気づいていきます。

「なんで = NULL はダメで IS NULL と書かなければならないんだろう」
「なんでEXISTS述語はあるのにFORALL述語はないんだろう」
「なんで結合のクエリはこんなに性能が悪いのだろう」

　頭にクエスチョンマークをいくつも点灯させながら日々の業務をこなすうちに、これはリレーショナルデータベースとSQLについて本格的に勉強しないとダメだなと思って手に取ったのが、ジョー・セルコ『プログラマのためのSQL 第2版』でした。当時、SQLについて深く解説している本としてはこの書籍以外にありませんでした。

　一読しての感想は、「わけわかんない」と「間違いが多い」という身も蓋もないもの。しかし、ごくわずかに理解できた部分は、なるほどそうだったのかと、霧が晴れるような思いをしました。特に、SQLが3値論理という独自の体系を採用しているという記

職業としてのエンジニア 04

述を見つけたときは、「あっ」と声を上げました。学生時代に勉強した論理学の知識と
データベースが結びついた瞬間でした。そうか、NULL を使った結果、真理値unknown が
生まれてしまい、真理値の演算が混乱したものになっているんだ……。それ以外にも、
SQL が述語論理と集合論に基礎をおいていることも知り、ますます親近感が湧くよう
になっていました。相関サブクエリを利用した自然数列の再帰的生成クエリを見たとき
には、頭の良いことを考えつく人がいるものだと感心しました。

　『プログラマのためのSQL』からは、他にもCASE式の使い方やチューニングの方法
など様々な知見を学びました。徐々にメチャクチャな本ではあるが、それなりに苦労し
て読むに値する本だ、という評価に変わっていきました（のちに第4版を自分で訳出す
ることになるとは、このときは予想だにしていません）。ワケのわからない本を読み解
くという作業は学生時代にやってきた得意科目です。入社2年目になると、他の社員か
ら降ってくる大概の要求はなんとかこなせるようになっていました。SQLのスキルも
かなり身につき、

　「こういう結果が欲しいんだけど、どんなクエリを書けばいいの」
　「このクエリ、複雑なんだけどもう少し簡単に書けないかな」

という先輩からの相談にも応えられるようになっていました。

　社会人1年目でまだ大した戦力でもなく、あまり仕事も振られていなかったので、当時
はよく本を読んでいました。本といっても技術書ではなく、学生時代から趣味で読んで
いた文芸書の類いです。特にその頃批評にハマっていて、山形浩生、斎藤美奈子、小谷
野敦といった方々の本を読んでいました。いつか本を書くことがあるなら、こんなふう
に快刀乱麻を断つようなズバッと本質を突く本を書いてみたいものだと憧れていたもの
です。この時代の読書は、のちに自分で本を書くようになって活きてきたと思います。

　その頃に自分の中で気になっていたのが、データベースに関してあまりに世の中に
（Web上も含めて）情報が少ないということでした。そこで、ないなら自分で書いてい
こうと思って始めたのが、「リレーショナル・データベースの世界」というWebサイト
です[1]。記事の日付を見ると一番古い記事は2002年なので、入社2年目から書き始めて
いたことがわかります。当時はQiitaのような技術情報の発信に特化したブログはな
かったので、Yahoo!のホスティングサービスを借りて、Webの片隅でひっそりと情
報発信を始めました。

　2年目のペーペーが何らかの技術領域についてみんなに教えてやるというスタンスで
書き始めましたが、我ながら態度がでかいと思います。認知のモデルでいうところの
いわゆる「馬鹿の山」にいたわけです。

---

[1] https://mickindex.sakura.ne.jp/database/idx_database.html

207

図 04-01 知識と自信の関連

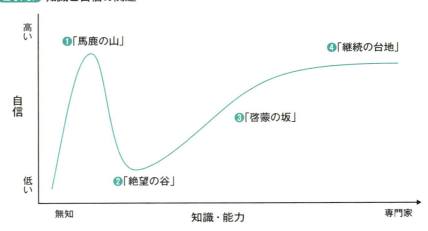

テクニカル・ライターとしてのデビューと書籍出版

　仕事をしながら家に帰ってはコツコツとサイトを作るという生活を繰り返して数年が経つと、徐々に好意的なメールをくれる人が増えたり、様々な人がブログで取り上げてくれるようになったりしました。はてなブックマークで注目され、好意的な反応が多かったのも励みになりました。始めて数年はサイトの訪問者数も1日数人というレベルで、プライベートな時間にそんなことをして何の得になるのかと問われると、回答に窮するような状況でしたが、読んで面白いと思ってくれる人がいるかぎりは続けようと思っていました。本書を読んでいる方の中には、自分でも技術ブログなどで情報発信をしている人もいると思います。ときには期待したほどの反応が得られず、モチベーションの維持に苦しむことがあるかもしれません。そういうときのために、羽生善治氏の言葉を紹介したいと思います[2]。

> 何かに挑戦したら確実に報われるのであれば、誰でも必ず挑戦するだろう。報われないかもしれないところで、同じ情熱、気力、モチベーションをもって継続しているのは非常に大変なことであり、私は、それこそが才能だと思っている。

　報酬が何もない状態で何かに打ち込めるというのは、それ自体が稀有な才能なのです。

---

[2] 羽生善治『決断力』（角川新書、2005）

職業としてのエンジニア 04

そんなある日、1通のメールを受け取ります。

「当社のウェブマガジンでSQLの記事を書いてみませんか」

翔泳社という出版社からのメールでした。翔泳社とは現在に至るまで長いお付き合いが続くことになるのですが、当時はそんなことになるとは知りません。翔泳社といえばOracle Masterの黒本のイメージでした。当時は『DB Magazine』という紙媒体の雑誌を出版しており、データベースに強い出版社というイメージを自分も持っていました。

最初にメールを受け取ったときの正直な気持ちは「自分みたいな中途半端にデータベースを勉強しただけの人間が記事なんて書いていいのかな」という躊躇いでした（この頃は「絶望の谷」にいました）。結局は**好奇心**が勝ち、まずは1本書いてみようということで記事を書いてみました。ダメならまた自分のサイトに戻ればいいだけだし、失くすものがあるわけでもない。しかし予想外にも「読者の反応は上々ですよ。次も書きませんか」という編集者の声に促されるまま、次々に記事を書いていくことで、気づくと1年間連載が続きました。これがCodeZineの「達人に学ぶSQL」シリーズです[3]。書いていることはセルコやコッドの受け売りだったのですが、こうした人々の知見がまだ日本で知られていないこともあり、一定数の読者の興味を惹いたようです。

最終的にこの連載に加筆修正を加えて出版したのが、処女作『達人に学ぶ SQL 徹底指南書』（翔泳社、2008）です。ITについてド素人の身分から、20代のうちに単著を出すことができたというのは、幸運としか言いようがありません。広いインターネットの大海の片隅で細々と発信していた自分を拾ってくれた編集者には今でも感謝しています。ちなみに、『達人に学ぶ SQL 徹底指南書』はSQL中級入門書の定番としてちょっとしたロングセラーとなり、10年後の2018年に第2版を出すことになります。なお、「達人」という呼称は自ら名乗ったわけではありません。これは編集者がマーケティングのためにつけた書名で、自分としては「自分みたいな青二才が達人とか名乗っていいのかな……」とモニョっていました。今でも自ら「達人」とは言いません。

転職と傭兵稼業

本を書いたあたりから、データベースについて本格的に学びたい。より正確には、インフラ側からデータベースを触らないとダメだ、という思いを強くしていました。そこで30歳手前で一念発起して転職を決意します（当時は30歳が転職の限界であるとまこ

---

[3] https://codezine.jp/article/corner/51

としやかに言われていました)。同じ業界内の転職ですが、インフラ系をやりたいという要望を強く出し、現在も勤めている会社に採用してもらいます。2008年9月のことですが、リーマンショックが起きた月なのでよく覚えています。このとき、本を書いていたことが非常にプラスになりました。面接官が本を読んでくれて、高く評価してくれたのです。よく「**技術書で食うことはできないが名刺代わりになる**」と言われますが、その威力を実感したものです。

　新しい会社でしばらくプロジェクトの技術支援などを行ったあと、配属されたのがパフォーマンス専門のチームでした。ここでの仕事は、自分にとって天職とも言えるものになりました。なぜなら先述の通り、データベースというのは性能問題の宝庫であり、同時に性能というのはアプリケーションからストレージまで一気通貫で見ることを要求されるジャンルだからです。DBだけではなく、JavaのGCログやOSのリソースログも見ることになりました。ここで「ボトルネック」という概念を肌身で理解したのは大きな経験でした。

　このチームには7年間在籍し、30代のほとんどを過ごしましたが、非常に多くを学んだ時期です。いわゆる「火消し」(トラブルシュート) 案件が多く、戦場から戦場に転戦する傭兵のような生活を送ることになり、土日でも夜中でもひとたび携帯が鳴れば出動という日々でした。ひょんなことがきっかけで米国 (ニューヨークとクリーブランド)で仕事をすることにもなりました。心身ともに消耗の激しい仕事でしたが、ハイレベルな技術者ばかりがそろった一騎当千のチームで、周囲から学ぶことが多い時期でした。チームにSQLの神様みたいな人がいたので (あだ名がズバリ「神」だった)、その人の知見を吸収するのに一生懸命でした。ポツポツと朴訥な喋り方をする人で意味を汲み取るのに苦労しましたが、その人の言葉を頼りにSQLの深奥に降りてゆくことができました。ここで学んだ知見、特に実行計画を読み解いてチューニングする技術が『SQL実践入門』(技術評論社、2015) に結実します。実行計画を読み解くという試みを日本語の書籍としては初めて行った挑戦的な本でしたが、幸いなことに好評をもって迎えられ、現在でも版を重ねています。正直、この本は自分で書いたという自覚はほとんどなく、「師匠」たちの言葉を書籍化して後進に伝えるためのものだ、という一種の義務感で書きました。ソクラテスとの対話を文字に残したプラトンはきっとこんな気持ちだったんだろう、と思ったものです。

職業としてのエンジニア 04

「シリコンバレーへ行ってみないか？」

「米国シリコンバレーへの赴任を命ずる」[4]。

その辞令は唐突にやってきました。特に海外勤務を希望したこともなく、それまでの仕事を通じて正直米国人にはよいイメージを持っていなかったため（このあたりの事情は 04-03 節、04-04 節でお話しします）、「わあ、やったあ」という感動もなく、車の運転も怖いし（ペーパードライバーだった）、最初は「断ろうかな」と思っていました。悩んだ挙げ句、最終的には **好奇心** が勝って 2018 年から 3 年間シリコンバレーで働くことになります。ここでの仕事は、もうデータベースは関係なくなり——というか見る範囲が極端に広がり——技術系のスタートアップ全般をカバーして使えそうな技術を日本側に持ってくるというものになりました。正直打率が良いとは言えない仕事で、うまくいったのはクラウドデータベースの Snowflake や API 管理基盤の MuleSoft（Salesforce が買収）、コンテナ管理の Sysdig など数えるほどしかなかったのですが、仕事自体はエキサイティングで楽しいものでした。また、仕事を通じて知り合いになった人や、ご近所に住んでいた米国人はフレンドリーでナイスガイな人たちだったので、人間関係的にも恵まれました。かなりの米国人不信だった著者ですが、この経験により西海岸と東海岸は大きく違うなと思ったものです。

また、シリコンバレー時代に始めた仕事で、適性があって自分でもびっくりしたのが、リサーチャーです。米国の最新技術やビジネスのトレンドをレポートにまとめて日本側に報告するのですが、これが日本側に非常にウケて「シリコンバレーに面白いことを言うやつがいる」と社内で評判になり、シリコンバレーを訪れた日本のお客様にも好評を博しました。いくつかのレポートのダイジェストは Web 上で公開（https://note.com/mickmack/）しているので、興味があれば読んでみてください。

リサーチという仕事が自分に合っていた理由は、とにかく大量の（英語の）資料を読み込んで要点を押さえたり、文書間の関連や流れを把握したりする訓練を学生時代に受けていたことが大きかったと思います。真剣に取り組んだことで役に立たないことなどないものだな、と思ったものです。

2021 年に帰国したあとも、このリサーチの仕事は続けており、現在に至ります。もう現場の開発からは足を洗ってしまったので、データベースを直接触る機会は減りましたが、緩くベンダ（NewSQL 含む）やユースケースのウォッチを続けているという状況です。

---

[4] 正確にはシリコンバレーという正式な地名はなく、地名としてはサンノゼやパロアルトとなるのですが、シリコンバレーという呼び方が人口に膾炙していて、サンフランシスコ〜サンノゼ間のテック企業の集積地帯を指します。

達人への道

チャンスは偶然の貌(かお)をしてやってくる

自分のキャリアを振り返ってみると「かなり行き当たりばったりだったな」と思います。よく会社のキャリア研修を受講すると、「10年後になりたいと思っている自分」などをイメージさせられますが、自分の場合、「絶対にこうなりたい」とか「10年後、20年後にはこうなっていたい」というはっきりしたキャリアイメージがあったわけではありません。その時々で自分が面白そう・楽しそうと思う方向に進んでいった結果、あとから振り返るとキャリアっぽいものが出来上がったように思います。若い頃は**計画的偶発性理論**について知っていたわけではないのですが、計画的偶発性を引き起こす行動特性の1つである好奇心や冒険心に駆動されていたように思います[5]。そうした「第一感」(何かわかんないけど面白そう)というのは、意外にバカにできないものです。

また、自分の書いた書籍が広く受け入れられた理由の1つに、実装非依存の技術のみで構成されている点があります。これは著者がSIerという**ジェネラリスト**を求める組織にいたために身についた習性です。昨今は、技術者も何らかの技術のプロフェッショナルになることが求められる風潮の強いエンジニア業界において、自分は(普遍性・一般性にこだわるという意味での)ジェネラリストであることがアイデンティティだったと言えるかもしれません。

もし自分のキャリアからアドバイスを引き出すとすれば、以下のようなものになるでしょう。

- **好奇心や冒険心といった第一感が反応した選択肢は案外正しい**
- **結果が出ないときでも、根気よく続けていると、あるときぱっと視界が開けるブレイクスルーが訪れるときがくる(量から質への変換)**
- **キャリアにおいて重要な転機は最初見たときそんなに重要そうに見えない偶然の形をとってやってくる**
- **キャリアに全然関係ないジャンルでも勉強しておくと役に立つことがある(いわゆるπ(パイ)型人材)**

---

[5] 計画的偶発性理論は、心理学者のJ. D. クランボルツによって1999年に発表されたキャリア構築に関する理論で、キャリアにおけるターニングポイントの8割は本人の予想しない**偶然の出来事**によるものだという調査結果に基づいています。目標に必ずしも固執しないこと、偶発的な出来事をキャリア構築に活用することを特徴とする理論で、偶発性を引き起こすために重要な行動特性として、好奇心、持続性、楽観性、柔軟性、冒険心を挙げています。たしかに自分は好奇心(論理学や分析哲学への傾倒)や冒険心(海外赴任)、持続性(ウェブサイト構築)に駆動されていたかもしれない、と思います。

職業としてのエンジニア　04

04-02

歴史的アプローチの効用
― 演繹 vs 帰納

　著者は技術を理解しようとするときでも、主に歴史的アプローチ、すなわち帰納を用います。数学や論理的推論が苦手なので、あまり演繹に頼れないからです。帰納は過去の資料（史料）を渉猟し、その発展史を追うことで理解を深めるという方法です。この方法論のよいところは、根気さえあれば誰にでも実践できる手軽さにあります。その代わり、大量のドキュメントを読み込み頭の中で関連性を見出していくという粘り強さが必要です。また、IT技術の重要な情報は英語で書かれているため、英語力も求められます。本節ではそんなIT業界における「文系の戦い方」を取り上げてみたいと思います。

数学が苦手なエンジニアから一言

　前述のように、著者は「文系SE」というやつです。情報工学に関する正規の教育を受けていないため、今でも基本的なアルゴリズムや開発の方法論に関して理解が怪しいところがあります。これは今でもエンジニアとしてひけめに感じるところです。

　ただ、もし仮に著者が情報工学の分野を専攻していたとしても、状況は大して変わらなかっただろうな、とも思います。元々著者は理系科目、特に数学が苦手で、教科書に載っている定理の証明などを理解するのに学生時代非常に苦労したからです。そのような人間は、到底エンジニアには向いていないと思われるでしょうが、著者も正直そう思っています（入社試験で面接官にはっきりとエンジニアに向いていないと言われたことがある）。就職氷河期で就職活動がうまくいかなかったから他の選択肢がなくてSIerに入っただけで、別のご時世であれば他の文系的な職業に就いていただろうと思います。

帰納の力

　しかし、苦手だ苦手だと言っても仕事にならないので、著者としてもIT業界に順応すべく、ある対策を考えました。それが帰納法――言い換えると**歴史的アプローチ**です。

これはある新しい技術や考え方に出くわしたときに、わからない点があってもすぐに「証明」という演繹的なアプローチに飛びつくのではなく（どうせ理解できない）、なぜその技術が出てきたのか、その技術が登場する前はどうだったのか、という歴史的経緯を追いかけるというものです。古い資料（史料）を粘り強く追っていき、その技術が出てくる必然性を押さえるという泥臭いやり方です。歴史学は徹底した帰納の学問であり、ある1つの仮説を主張するために、なるべく多くの信頼できる史料をそろえて読者を説得するというゲームです。それをITに応用してみようと考えたわけです。

この方法の利点は、一言で言うと「**凡人でもできる**」ことです。歴史を追うのは根気とやる気さえあれば誰にでも実践できます。欠点は、大量の資料を（しかも大抵重要なものは英語で書かれている）読み込まなければならず、1つのテーマを**理解するに至るまでに時間がかかる**ことです。かなりの時間をかけないと納得のいくポイントまでたどり着けず、瞬間的に定理の証明が理解できる（人もいる）演繹とは対照的です。

著者は歴史学科で訓練を受けたこともあり、大量の資料を素早く読み込み要点を押さえる「速読」と、1つの資料を丹念に読み解き、一言一句のニュアンスまで逃さない「精読」の両方の方法論を教わりました。これはIT業界に入っても役に立っています。システム開発においても、特に設計段階では過去の設計書など大量のドキュメントを読み込む必要がありますが、そういう場合に要点を押さえる技術が活きます。本書でも、かなり昔の論文や文献を参照していますが、これも歴史的アプローチを実践した結果です。データベースがなぜ必要なのかを考えるとき、純粋に論理的な観点からなぜ必要なのかを演繹するのではなく、データベースがなかった時代にさかのぼってその起源を求めるという方法論です。ITは技術の移り変わりが激しく昔の技術はただ打ち捨てられていくだけだ、という考え方をする人もいますが、著者はそうは思いません。かつてある技術が広く支持されたことがあるならば、そこには相応の理由と合理性があったはずだからです。その文脈を理解して現代までつなげていく作業が帰納法です。

地道な実証主義

著者がこのような歴史的アプローチに頼る理由は、IT業界にいる人たちの多くが理系出身の頭の切れる人たちで、自分が同じ土俵で戦っても勝てないだろうと思ったからです。ただそういう人たちは、昔のことを丹念に調べるようなまわりくどいやり方をしません。数学の定理を証明するがごとく、ズバッと演繹によって答えを出します。それはそれで見事なものですが、理解できない人間からするとポカンとするほかありません。帰納的アプローチが1歩ずつ登って山頂を目指す方法論であるのに対して、演繹的アプローチはヘリコプターでいきなり山頂を目指すようなものです。後者は手っ取り早い方法に見えますが、特別な免許を持たない凡人は1段ずつ階段を上がっていくしかな

いのです。

この「真理にたどり着くために1段ずつ階段を上がる」という方法論は、**実証主義**とも呼ばれます。ある結論を導くために、それを支持する論拠を1つずつ積み上げていく実証主義は帰納法の重要な考え方です。著者が最初にSQLが3値論理を採用していることを知ったときにとった行動は、それがSQLに対してどういう影響を及ぼしているかを考えることではなく、過去にSQLや3値論理について書かれた論文や本はないか探すことでした。案の定、コッドやデイトの書いた多くの文献が見つかりましたし、3値論理を取り上げている論理学の教科書もありました。このように、歴史的アプローチというのはいきなり本丸を目指すのではなく、まずは**外堀から埋めていく**やり方だと言ってもよいでしょう。頭の切れる理系マインドの人たちには「何をまどろっこしいことしてるんだ」と映るでしょうが、これが文系SEの戦い方だと著者は考えています。著者の書いた本は「説明がわかりやすい」と好意的な評価をいただくことがしばしばあります。それは何よりも徹底的に帰納的な方法論によって成り立っているからだと思います。

理系の中の帰納法

一方で、理系の分野で帰納法的な考え方がまったくないかと言えば、そんなことはありません。情報科学のような純粋数学に近い分野でなじみが薄いというだけで、生物学のように実験主体の経験科学においては、実証主義が根づいています。こうした分野では、繰り返し実験を行うことで仮説が正しいかを1歩ずつにじり寄るように証明していきます。この分野における著者のヒーローは、帰納的アプローチによってDNAの二重螺旋の解明にあと1歩まで迫ったにもかかわらず37歳の若さで夭逝した**ロザリンド・フランクリン**（1920-1958）です[6]。

フランクリンは、ノーベル賞を受賞することになる才気煥発のジェームス・ワトソンから「ダークレディ（陰気な女）」と呼ばれ蔑まれますが、著者はむしろDNAのX線写真を何千枚も撮っては検証するフランクリンの地道な取組みにいたく共感します[7]。

> 彼女はただ「帰納的」にDNAの構造を解明することだけを目指していた。ここにはあらゆる意味で野心も気負いもなかった。ちょうどクロスワードか今ならさしずめ数独パズルを解くように、ひとマスひとマスを緻密につぶしていく。その果て

---

[6] フランクリンが帰納法によってDNAが二重螺旋であることの証明に挑んだという見解は、次の書籍より。福岡伸一『生物と無生物のあいだ』（講談社、2007）。フランクリンが長生きしていれば、ノーベル賞を受賞したかもしれないと言われています。
[7] 福岡・前掲注6、p.111

> に全体像としておのずと立ち上がってくるものとしてDNAの構造がある。ジャンプもひらめきもセレンディピティも必要ない。ただひたすら個々のデータと観察事実だけを積み上げていく。禁欲的なまでにモデルや図式化を遠ざける。帰納を徹底して貫いた。実際、彼女にとってそれ以外の解法は存在しないのだから。[11]

　自分の分析に対するアプローチもまさにこうでなくてはならない、と著者は考えています。「**ジャンプもひらめきもセレンディピティも必要ない**」、そのような地道なスタイルこそが著者の持ち味です。

演繹 vs 帰納

　帰納と演繹はどちらも真理に到達するための両輪のようなもので、どちらが優れているというものではありません。読者の皆さんも自分の適性に合わせてどちらを選ぶか決めていただければと思います。もちろん、両方使ったってかまわないのです。実際、多くの人は無意識のうちに状況に応じて両者を使い分けています。論理的な推論に頼る場合と、実証的なデータに頼る場合、どちらもあってよいことです。自分は大体、帰納8、演繹2くらいの割合です。この本もそういう建て付けになっていますが、そうすると時々言われるのが「脚注が多い」というクレーム（？）です。たしかに自分の文章は注が多いのですが、これはもう、何か主張するときは根拠づけとしてソースを出すという歴史学科時代に身についた基本動作なので、死ぬまで治らないと思います。

達人への道

帰納、あるいは実証主義の力

帰納的アプローチは本文でも述べた通り、根気とやる気さえあれば誰でも実践できるという点で非常に「凡人向き」です。ただし、それなりに持続的な精神パワーを要求されるので、やるとぐったり疲れるのが欠点です。何事もそうですが、学んだり調べたりする道にショートカットはないものです。
そしてこのような歴史的アプローチは、意外にプログラム言語やソフトウェアを理解する場合にも役に立ちます。というのも、ソフトウェアやハードウェアにも数十年間の短い期間に濃密な歴史が凝縮されており、今現在こうなっている状態だけを眺めていてはわからないことが多いからです。「なぜこんな機能が用意されているのだろう」とか「なぜこんな仕様になっているのだろう」ということを疑問に思ったときは、歴史を繙（ひもと）いてみると突破口になることがあります。

04-03

職業としてのエンジニア　04

テレカンとデスマーチ

　　テレカンはコロナ禍でのリモートワークの普及とともに広く浸透するワークス
タイルとなりました。たしかに多くの場合において、テレカンは現地まで足を運
ばなくても意思疎通ができる優れたツールです。しかし、テレカンがうまく働か
ないケースというのもあります。それが「不誠実な協力者」——言ってしまえば
「敵」——と一緒に仕事をする場合です。現地まで足を運んでマイクロマネジメ
ントしないと動かないような人を相手にする場合、テレワークは無力です（KPIや
目標で制御すればよいのではないか、と思われるかもしれませんが、それが通じ
る相手ならそもそも苦労しません）。近年、少なからぬ企業がテレワークをやめ
てオンサイト勤務へと回帰しているという記事が散見されますが、その理由の1
つがマネジメントの難しさです。といっても別にテレワークだからサボる、とい
うような単純な話ではなく、リモート勤務が致命的に向かないケースについて見
ていきたいと思います。

テレカンに初めて触れたときのこと

　　著者が初めてテレカン（テレカンファレンス）に触れたのは、日本でパフォーマンス
専門のチームに所属していた2010年前後のことでした。米国企業とやりとりする必要
のあるプロジェクトがあり、Cisco Webexを使いました。最初に使ったときの感動は
今でも覚えています。電話会議ともまた違う独特のUXに感銘を受けました。特に画期
的だと感じたのが資料の画面共有機能で、「え、これもう海外出張とか必要なくなるで
しょ。どんだけコストが浮くんだ」と衝撃を受けました。現在ではZoomの普及で一般
に使われる機能になりましたが、この機能を最初にサポートしたのはWebexでした[8]。
よくWebexはUIがイマイチわかりにくいという評価を受けるようですが、著者はそ

---

[8] Zoomの創立者はWebexの開発を担当していた人で、Ciscoでは満足のいく製品が作れていないことに限界を感
じてZoomを立ち上げました。「Zoomとはどんな企業なのか　中国生まれがつくった「中国らしくない会社」」：
https://wisdom.nec.com/ja/series/tanaka/2020042401/index.html

れほど操作に悩んだ記憶はありません。Webex最高！ と思っていました——最初のうちは。

何が起きているんだ？

しかし、そんな感動をよそにプロジェクトはどんどん悪い方向へ転がっていきます。当時担当していたプロジェクトは、日本のとあるリテール企業が米国に進出するため、米国でECサイトを立ち上げるという案件で、顧客が直接米国企業と契約して開発を一任していました。プロジェクトマネジメントの最終責任は顧客側にあるというスキームにはなっていましたが、顧客側は実際にマネジメントの経験はない素人だったので、実質的には米国企業のほうでマネジメントも行うことが期待されていました。著者のチームは性能試験とチューニングのために参加していました。しかし……何だか様子がおかしい。もうとっくに試験フェーズに入っていなければならない日付になっても、一向にプロダクトが上ってこない。テレカンでせっついても「今やってる」「もうすぐ終わる」という木で鼻をくくるような返事が返ってくるだけで、らちがあかない。

日本側では日に日に焦燥感が増していきました。

「米国側のプロジェクト管理はどうなっているんだ？」
「今どこまでできていて、どこまでできていないんだ？」
「全員定時帰りしているようだが、やる気はあるのか？」

といった疑問が噴出します。間近で開発しているところを見ているわけではないので、日本側としてはプロジェクトの実態をまったく把握できない状態でした。テレカンで、しかも慣れない英語でプロジェクトの実態を把握することは非常に難しく、そもそも米国側がそのための資料をまったく出してこないのです。工程管理表、いわゆるガントチャートすら用意されていませんでした。ガントチャートを作るようにと依頼しても「今から作っても逆にオーバーヘッドが増えて遅延するだけ」とにべもない回答。

その間、著者たちのチームは試験に入ることもできず待っているだけだったのですが、米国とのテレカンを隅のほうで聞いているうちに、この案件は何かヤバいぞ、という不穏な感覚が募っていきます。日本での開発だったらとっくに問題案件に認定され、テコ入れが図られていなければならないフェーズに足を踏み入れています。はっきり言ってレッドゾーンです。それなのに米国側にはまったく危機感がない。この温度差はいったい何だろう？ 米国人というのは何を考えているのだろう？ まだ米国人と働いた経験のない著者は、素朴にそんな疑問を持っていました。

職業としてのエンジニア 04

プロマネ、辞めるってよ

　むなしく時間が過ぎていくなか、衝撃的なニュースが飛び込んできます。米国側のプロジェクトマネージャが転職して辞めたというのです。最初にこの話を聞いたときは耳を疑いました。開発プロジェクトの真っ最中、しかもスケジュールが遅れていて巻き返しが必要なタイミングでプロマネが辞める？　いったい米国人にモラルとか責任感というのはないのか？

　ないのです（断言）。

　しかも新しくプロマネになったのは20代の若手で、引き継ぎも一切行われておらず、何を聞いても「わからない」「たぶんもうすぐ終わる」の一点張り。そのとき著者がうすうす抱いていた疑念は確信に変わりました。

これはデスマーチになる

　デスマーチというのは、もっと殺伐とした雰囲気で怒号が飛び交うような開発現場を想像していましたが、実際にはこんなふうにまったく責任感もやる気もないお気楽連中によって引き起こされるのだ、というのが何だか新鮮でした。あるいはデスマーチの新種だろうか、などと考えていました。

　さすがにこの状況にあせった顧客が「米国に行く」と言い出しました。まあ、それしか手はないだろうなと著者も思いましたが、そのあと意外なことを言われました。「一緒についてきて」。え、と思いました。繰り返しになりますが、このプロジェクトにおける我々の役割はテスターです。これはもしかしてプロジェクトの立て直しを期待されてる？　それまでにも、日本の開発プロジェクトでチューニングのために入っても、結局は組織のチューニングを先にやらないといけないことは何度かありました。しかし今度は米国人相手で、英語でそれをやるというのは、初めての経験でした。正直引き受けたい仕事ではありませんでしたが、顧客との関係上こちらに拒否権はありません。こうして米国はニューヨークの地に降り立つことになります。2010年9月のことです。

　米国の開発企業の本社は、タイムズスクウェアの目の前というニューヨークの中心地にありました。東京を超える大都会の熱気に押されながらもオフィスに足を踏み入れると、オフィスが散らかっていて、何だか荒れた雰囲気であることに驚きました。「テレカンでのオサレな雰囲気とだいぶ違うな」と思いつつ、とりあえず現状の確認から始めました。そこで初めて、プロジェクトが想像以上に悲惨な状況であることを目の当たりにします。まずプロダクトらしい形をなしたものはまったくできていない。モックに毛

219

が生えた程度の紙芝居みたいなサンプルアプリケーションがあるだけ。業務要件の検討もまったく行われておらず、検討事項は山積み。開発環境も正式なものはなく、プログラマたちが自分のPC上に適当に作ったものが散在している状況で、テスト環境にアプリケーションを持ってくると動かない。というか、開発環境とテスト環境でインストールされているミドルウェアのバージョンが違っている。開発者のPC間でも環境は統一されていない。こいつら今まで何をやっていたんだ？ 逆にどうやればここまでメチャクチャな状態になるんだ？ と疑問に思うほどでした。見えないのをいいことに遊びほうけていたとしか思えない惨状です。

　しかし、当の米国人は特に悪びれた様子もなく、みんなビシッと定時帰りをしています。このあと何度か米国人と仕事をすることになりますが、この定時帰り絶対死守の姿勢は最後まで守られていました。たとえプロジェクトが何度遅延しようとも、残業だけは絶対にしないという強い意志を貫いていました。米国人にとって**定時上がりは基本的人権**の1つなのです[9]。

　わかったことを顧客の責任者に報告すると、顔が青ざめています。それもそのはず。今までプロジェクトは順調に推移していると上層部には報告してきたのに、それが真っ赤なウソでした、と今さら言えるわけがありません。

　「なんとかして」

　そらきた、と思いながらも、一応抵抗を試みます。

　「我々の役割は試験とチューニングのはずで、開発や管理は含まれていません。それはあくまで米国企業のタスクでは？」
　「こうなることを見抜けなかったのは君たちにも責任がある。もっと早く気づくこともできたはずだ」

　もっと早く、か……。たしかにもっと早く事態の深刻さに気づくことはできたはずです。具体的には、現地に人を派遣してお目付け役にしておけば、もっと早くアラートを上げることはできたでしょう。しかし、実際問題試験フェーズになってから呼ばれた我々にそれができたはずはありません。これは顧客側の失態と言わねばなりません。米国人に無根拠な信用を持ってしまったことが失敗の原因です。テレカンで米国人が出してくるウソの情報を基に実際の惨状を把握することは、神ならぬ身には不可能としか言

---

[9] 米国人が残業を嫌う現実的な理由もいくつかあります。1つは家族と過ごす時間が少なくなると、家庭内不和の大きな原因になることです。残業が多いというのは立派な離婚の原因にもなるのです。もう1つは、残業が多いということは「時間管理ができていない」、「仕事の仕方が非効率」とみなされてしまい、周りからも無能のレッテルを貼られてしまいますし、評定でもマイナスに働いてしまうことです。

いようがありません。テレカンに頼っていては、開発プロジェクトの本当の実態というのは見抜けないものなのだ、ということを痛感しました。テレカンでは画面共有される資料だけが頼りです。その資料で**ウソをつかれたり隠しごとをされたらお手上げ**です。

しかし、**顧客との力関係を考えると、断るという選択肢がないこともわかっていました**。

「わかりました。やりましょう」

ここから、思いもかけず長いニューヨーク滞在が始まることになります。9月ということで、街はニューヨーク恒例行事のファッションウィークの真っ最中でした。こんな華やかな街にタコ部屋を作ることになるとは、と思うと、その落差が不思議な気がしました（もっともそのタコ部屋に入るのは日本人で、米国人は相変わらず優雅に定時帰りしていました）。クリスマスには日本に戻りたいな、と当初は思っていたのですが、その目論見が大甘であることをすぐに思い知らされることになります。米国人との長い長い戦いの始まりです。

次節に続く。

達人への道

テレワークの難しさと限界

結論はシンプルです。テレカンによる業務が成立するのは、お互いの間に信頼関係がある場合にかぎられます。相手がウソをついたり、ごまかしたりするタイプの場合、テレカンでそれを見抜くのは非常に困難です。蕎麦屋の出前（「今出たとこ」）詐欺に簡単に引っかかってしまいます。実態が明らかになるのは、リアルにプロダクトを触る試験フェーズまで待たねばなりません。これはオフショア開発でも同じことが言えます。短期で開発と試験を繰り返すアジャイルなら見抜けるのでは？　と思うかもしれませんが、適当に動く紙芝居みたいなモックを用意されるとそれも難しくなります（実際、このときの開発スタイルもアジャイルだったのです）。そのため、信頼できない協力者を相手にする場合は、必ず監視要員を現地に派遣して、現地でしかわからないリアルな空気を把握しなければなりません。弛緩していたり荒れていたりする「場」の独特の空気感は、テレカンではわからないのです。テレワークはコロナ禍で一躍脚光を浴びた働き方ではありますが、残念ながら万能の薬ではなく、相手に悪意がある場合、いとも簡単にコミュニケーション不全に陥ってしまう場合があるのです。

04-04
見えないコストに関する考察
― あるいはメールのCCについて

　日本人というのは、普段はコストにうるさく物事を効率的に進めないと気が済まない国民性だと思われていますが、時々コストに恐ろしく無頓着になるシーンがあります。システム開発の現場においてそれが顕著に表れるのが、情報共有のケースです。米国と日本との考え方を対照させて、日本人のどのあたりが非効率なのか、またその効率の悪さはどこから生まれてくるのかを考察します。

情報共有のコスト

　前節の続きです。崩壊した（上層部への建前としては「少し遅延しているだけの」）プロジェクトの立て直しを行うことになり、ニューヨーク生活が始まったわけですが、まずは正確な工程表を作るため、各エンジニアやプログラマに自分のタスクの見積もりを出してもらうことになりました。それすら行われていなかったのです。

　出てきたタスク見積もりを米国企業側の新しくアサインされたプロジェクトマネージャ（トムというどう見ても20代の若者で、金髪碧眼の美形でした。FF Ⅶのルーファウスに似ていた）と1つずつチェックをしていたときのこと、出てくるタスクの中に「メールの確認」とか「Jiraチケットのチェック」といった「いやそこまで細かいタスクは入れなくてもいいだろう」というのが頻繁に混じっていました。トムに「こんな細かいタスクは入れなくていい。顧客の上層部にはこんなの弾かれてしまう」と言うと、ジロッとこちらを見て一言「**情報共有のコストがタダだと思うのは、日本人の悪い癖だ**」。

　なるほど、と少し感心しました。たしかに私たちが行うシステム開発の仕事において、コミュニケーションが占める割合というのはバカにならないボリュームがあります。ざっと列挙しても次のようなものが思いつきます。

- メールの確認や応答
- JiraやRedmineなどのチケット確認
- TeamsやSlackでのチャット

職業としてのエンジニア　04

- Excelやパワポ資料の読み込み・説明
- 打ち合わせでの情報共有

　日本人がもしタスク見積もりを行うとなった場合、含めるのはどのレベルでしょうか。おそらく最後の「打ち合わせ」を入れる人は多いと思いますが、上の4つを入れる人はあまりいないと思います。顧客に見積もりを提出するとき、このような細かいタスクが入っていると、稼働として認められないケースが多いのではないでしょうか。しかし実際にはこれらにも少なからぬ時間をとられるわけで、当該タスクの工数をバレないよう**全体に薄く広くばらまく**みたいな謎の現場テクニックが使われていたりします。日本では、具体的な生産物（ドキュメントやソフトウェア）が出来上がることに直接関わるタスクだけをタスクと認めて、それに間接的にしか関わらないタスク（成果物の出ないタスク）に関しては目に入らないところがあるような気がします。他方、米国人がタスク見積もりをしたら、まず間違いなく全部含めてきます。

日本人はなぜメールのCCに入れたがるのか

　トムは、これに関してもう1つ言いたいことがあるようでした。聞いてみると「日本人は関係ない話題でもすぐにCCに入れて送ってくる。迷惑だ」と言うのです。たしかに日本人の中には、やたらにメールのCCに宛先をたくさん追加する人がいます。直接は関係しない話題でも、「念のため共有します」「参考に共有します」「勉強になります」という理由とともに、大量のCCメールが送られてくることはよくあります。米国では、ワーカーにタスクを割り当てたあと、そのタスクに関する情報以外は共有しません。これは職種によっても多分に異なるところがあり、営業やマーケティングの人たちは常に何か使えるネタを探しているため、割と日本人に近い感覚で薄く広く情報共有する傾向があります。開発者やテスターの場合は、極力1つのタスクに集中できるような環境を整えようとします。

　翻って、なぜ日本では情報共有のコストは「ない」ものとして扱われるのでしょうか。おそらく、ここには日米の雇用形態の違いが関わっているのではないかと思います。日本では社員の雇用は安定しており、簡単にはクビになりません。そのため人的リソースの融通が利くように、全員が同じくらいのことができる「平均的社員」の状態に社員をセットしておくことが合理的になります。誰か1人が病気や出産でプロジェクトを離れねばならないとなった場合、他の誰かがすぐに穴埋めできるようホットスタンバイ状態にしておくことに合理性があるのです。そのため、社員の知識の状態も同じレベルに保っておくことが求められます。これは意識するまでもなく、ごく自然にみんなその前提で動きます。日本人の無意識の行動様式と言えるでしょう。

223

他方、米国ではジョブ型の雇用形態で、タスクに対して人を雇用してアサインします。そのタスクがなくなれば、社員は解雇されます。結果として人の出入りが激しく、プロジェクトは常に人が流動的な状態になります。つい最近まで対面で仕事していたのに、最近見ないなと思ったら解雇されていた、みたいなことは日常茶飯事です。この状態だと、頑張ってみんなの知識レベルを一定に保とうとしても、コストばかりかかってメリットがあまりない、という状況に陥ります。せっかく教え込んでもすぐにいなくなってしまうようでは、教え甲斐もないというものです。それくらいなら同じレベルの人材を新規に人材市場から調達するほうがマシ、という考えに落ちつきます。その結果、情報共有のやり方もメールのようにプッシュ型ではなく、JiraやWikiのように自分で必要な箇所を見に行く（その代わりそれを見ればすべて書いてある）プル型の仕組みが出来上がったのではないかと思います。その代わり、新しくプロジェクトに参加した人間を素早く立ち上げるための手順が網羅的に用意されていたりします（いわゆるオンボーディングというやつです）。

フロー理論

　メールCC問題は、こうした人材の流動性という観点から説明できるように思われますが、ここにはもう1つ仕事の効率という観点もあるかもしれません。コーディングや資料作成に集中したいときに細切れのタスクが挿入されると生産性が上がらないのではないか、という仮説です。心理学でいう**フロー状態**の概念で説明される理論です[10]。この理論に従えば、プログラマやエンジニアによい仕事をしてもらうためには、なるべく仕事を中断させないようにして、集中しやすい環境を作ることがマネジメント層としては重要なタスクになります。日本ではとかく細かく進捗報告をするプロジェクトがあったり、細かいことまで聞きたがる顧客がいたりしますが、こうしたオーバーヘッドのタスクが増えるほど現場の生産性は落ちていくということです。

---

[10]フローとは、人間がそのときしていることに、完全に浸り、精力的に集中している感覚を持つような状態で、スポーツで「ゾーン」と呼ばれるような状態との類似性も指摘されています。心理学者ミハイ・チクセントミハイが提唱し、発展させた理論です。

図 04-02 チクセントミハイのフローモデル

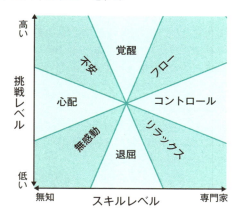

　実際、私たちはトムに対して、進捗報告を今までよりも頻度が高くかつ詳細にするようにしてもらえないかと頼んだのですが、にべもなく断られました。その理由がふるっていました。

　「オーバーヘッドとなる作業を増やすと結局は全体の進捗を遅らせることになる。進捗報告などその最たるものだ。誰も得しない」

　「ウソつけ、本当は詳細な情報を出すとボロが出るのが嫌なだけだろう」と内心思いましたが、「管理タスクを増やすほど全体の進捗は遅くなる」という発想は、ウソにしても米国人ならではのものだなと感心したのも事実です。言い訳にもクリエイティビティがある。またそれを眉ひとつ動かさず堂々と主張するものですから、イケメン係数も相まって謎の説得力が増します。これも正しいか否かは別として、著者にはリアリティを持って感じられる理由です。日本で仕事をしていると、時々**管理という言葉が暴走**して「〇〇管理ファイル.xlsx」という名前のファイルが無限増殖していくプロジェクトや、「□□定例」や「△△分科会」といった定例ミーティングがやたらに設置されるプロジェクトに出くわしますが、これなど自縄自縛に陥っている好例でしょう。

米国流の情報マネジメント

　1つ誤解のないようお伝えしておくと、米国人も情報共有そのものが不要と思っているわけではありません。そうではなく、なるべく必要な人間に必要な情報が届くような

工夫を、ツールで全員が同じやり方になるよう強制的に実施しています。たとえば、SlackやTeamsなどのチャットツールで極力短文で端的な質問文を関係者だけにかぎって共有したり、Asanaのようなタスク管理ツールで進捗状況を一覧で把握したり、JiraやRedmineといったツールでプロジェクトの問題を共有したりします。最初にツールの学習コストが発生しますが、一度デファクトになっているツールの使い方を覚えれば、あとはどこの職場に行っても同じ要領でワークフローが回せるため、一企業だけでなく社会全体の生産性も向上します。

米国人というのは、こういう業務効率の改善が三度の飯より好きで、わかりやすいGUIや情報を俯瞰できるダッシュボードなどを作らせると非凡な才能を発揮します。日本の「現場」がいつまでもExcelとメールに頼っているのとは対照的です。こうした業務文化を、米国は日本のカイゼンなど製造業のノウハウから学んだという説もあり、実際に著者も「日本の業務フローは非効率でさ」と米国人にこぼしたところ、「カイゼンやカンバンを生んだ国が、そんなことはないだろう」と、信じられないという手ぶりを交えて反論されたこともあります。

うーん、そう言われるとそうなんだが……。

達人への道

情報共有の見えないコストにご注意

日本人は、具体的な成果物に結びつかないタスクにかかる目に見えないコストに無頓着なところがあります。その結果、不可視のコストが膨れ上がってしまい、プロジェクト全体の稼働を圧迫するという事態に陥ることがあります。またフロー理論に従うならば、エンジニアやプログラマの生産性を下げてしまうリスクを冒しているかもしれません。本節はそれを意識してもらうために、米国の流儀と対照させて書きました。自分たちのプロジェクトが自縄自縛に陥っているのではないかという疑念を持ったときに思い出してもらえればと思います。また、これを機に、米国流のタスク管理ツールなどを触ってみるのも面白いかもしれません。

異常系をなくせ

　米国流の働き方で感心することの1つが、異常系の極端なまでの少なさです。とにかく業務フローをシンプルにして、正常系で異常系を回収する立ち回りが非常に上手です。たとえばECサイトなどで商品を注文すると、よく流通の過程でロストするのですが（本当に頻繁にロストする）、米国人はここで追跡調査などという面倒な異常系には立ち入りません。再発送して終わり。異常系をなくすことに異常なまでの情熱を注いでいるのです。それが米国の競争力の源泉と言っても過言ではありません。

捨て配というスタンダード

　米国の流通というのはとにかく品質が悪く、誤配、紛失、遅配のオンパレードです。コロナ禍を機に日本でも「置き配」が普及したそうで、これは流通業者の負荷軽減という意味でも重要な意義を持つ変化だと思うのですが、米国などそれ以前から「捨て配」とも呼ぶべき衝撃的なスタイルが主流です。これは道端やアパートの敷地内に郵便物が文字通り捨ててあり、箱が破れて中身がぶちまけられているような状態のことです。米国の単純労働者の品質とモラルの低さは底が抜けていて、このような状態であっても彼ら的にはミッション・コンプリートとなるのです。著者の同僚など、社会保障番号（SSN）の紙がアパートの隣部屋に誤配されて、「ごめんごめん開封しちゃったわ」とお隣さんから配達されるという経験をしています[11]。

---

[11] SSNは日本のマイナンバーみたいなものですが、セキュリティがもっとザルで、この番号を他人に知られるといくらでもなりすましが可能になります。これが普通郵便で届くのがそもそもおかしい。詳しくは以下を参照。「米国からマイナンバーを擁護する ─ あるいはフラットモデルの災厄について」: https://note.com/mickmack/n/n903705b82eff

異常系に陥るな

　貧弱な物流にコロナ禍による巣ごもり需要が重なると、ECで商品を買ってもまともに家に届かないというインシデントが頻発します。しかし、こういうケースでEC業者にクレームを入れても、「新しい商品を発送したわ」と素っ気ない文面のメールが届いて終わりです。謝罪もなければ追跡調査もない。お詫びのクーポンもない。極めてシンプルかつ質実剛健な対応です。ここには、異常系には死んでも踏み込まないという強い意志が感じられます。ひとたび異常系に踏み込むと、そこから先は複雑な業務フローとなり、マニュアルにはない臨機応変な対応も求められます。高度な対応は米国の単純労働者には到底できないということで、このような単純なフローが組まれているのです[12]。

　ここには米国という国を組織として見たときの特徴がよく表れています。米国という国をたとえるのに最適な組織は何かといえば、**軍隊**だと著者は思います。少数の極めて優秀な将官と参謀たちが作戦を立て、佐官級の中間管理職が一般兵でもわかるレベルの粒度にタスクを分割して、末端の兵士は何も難しいことを考えなくてもひたすら上司の命令のまま動くだけで勝てるようにプログラムされているのです。

末端の労働者の品質

　逆に日本という国は、末端の労働者、現場で額に汗して働く人たちの品質が極めて高い国です。みんな学校で読み書きを習い、遅刻しない規律をたたき込まれ、ビジネス上の意思疎通が成り立つくらいのコミュニケーション能力があります。アルバイトやパートですら高いリテラシーを備えています。当たり前だろうと思われるかもしれませんが、その当たり前が稀有なことだというのが、日本を出るとわかります。国民全体に一定のリテラシーが身についているがゆえに、異常系に踏み込むことができるのです。これはもう日本という国の特権、無形文化財と思ってよいくらいです。著者は日本で最大級のECサイトの構築に携わっていたことがありますが、業務フローの複雑さでもおそらく日本屈指だったと思われます。何しろ返金のパターンだけでも、クーポンを使っていたか、割引セール中だったか、プラチナカスタマーだったかなどの細かい条件を考慮して40パターンくらいあり、それをビジネスロジックとしてアプリケーションで実装しなければなりませんでした。しかもそういうビジネスルールが**必ずしもドキュメント化されておらず**、従業員の暗黙の了解で成り立っていることもあるのです。こんなのはパッ

---

[12]米国の単純労働はヒスパニック系が一手に引き受けていると言っても過言ではなく、彼らの多くは英語が話せないのでコミュニケーションを伴う仕事ができないという事情もワークフローの単純化に拍車をかけています。

ケージの基本機能だけでは到底実現できないので、拡張と例外処理の嵐となります。

これも良し悪しです。

たしかに、鬼カスタマイズしてあらゆる異常系を拾っていくほうが顧客満足度は高くなるかもしれませんが、この業務フローを海外に輸出することは不可能です。現地の社員たちではとても回せないからです。グローバル展開を考えるならば、現地の労働者の品質に合わせたオペレーションにする必要があります。そのためには、**異常系を正常系で回収する**という米国方式に軍配が上がると言わねばなりません。

ただ、このやり方をしていると、現場の労働者に成長というものは一切起きません。ずっと同じレベルの低さが続きます。レベルが低いことを前提としてそれを受け入れるやり方だからです。そのため、一向にサービスの品質は改善せず、今日も今日とて誤配、紛失、遅配のオンパレードが起きています。日本では現場の労働者の中でも優秀な人間には出世の道が開けていますし、高い報酬を得ることも夢ではありません。一時期流行った「カリスマ〇〇」というのは、末端労働者の中の優秀な才能をフィーチャーしようという取組みでもありました。米国の労働者の場合、末端はあくまで末端のままで、そこから優れた才能を登用しようという発想はありません。このように、上層部が戦略を考え、末端はそれに従うだけ、という米国の小売業のモデルを**チェーンストア理論**と呼びます[13]。

これに対して、ユニクロの「スーパースター店長」のように在庫調整、陳列や店舗発注権限など、大きな権限を現場に委譲したモデルは真逆の仕組みです。現場の裁量が大きく、末端の従業員が自由に動けるのです。これは日本の労働者が優秀だから可能な仕組みです。また日本では「社員も経営者目線を持つべきだ」という、必ずしも内容の明らかでない主張をする経営者がいますが[14]、この主張も米国人にとっては意味不明です。従業員は従業員なんだから経営者の目線を持つ必要性もないし、そんなことできるわけがないと答えるでしょう。「だってあいつらは労働者であって、経営者じゃないし」と。

エラーハンドラなんて書かないよ

米国式の異常系をなくすという戦略は、ITとも非常に相性がよいものです。業務プロセスをプログラムに落とすとき、例外処理や条件分岐が減って、非常にすっきりした

---

[13]笹井清範「部下を変えられないなら、おれは死ぬしかない…ユニクロ柳井正が「世界一の銀座店の店長」に伝えた一言」：https://president.jp/articles/-/74986
[14]日野瑛太郎「従業員に「経営者目線を持て」という謎の要求」：https://toyokeizai.net/articles/-/26314

ソースコードになるからです。必然的にパフォーマンス、メンテナンス性や拡張性にも優れており、人の出入りの激しいIT業界においても保守が容易になります。**ビジネスロジックを簡単にする**ということは、どんなすご腕プログラマを連れてくるよりもコスパのよい生産性向上手段なのです。時々、米国のプログラマやエンジニアは日本が太刀打ちできないようなすごい人たちなんだろうと想像している人がいますが、自分が観測した範囲では日本人のプログラマとそんなに変わりません（もっとも、上位1％のスーパーエンジニア層は米国のほうが圧倒的に上です）。ただ両者でゲームをしているグラウンドが異なるのです。米国人が整備された立派なグラウンドで野球をしているのに対し、日本人は雑草が生え放題で石やごみが落ちている河原で草野球をやっているようなものです。どちらのほうが快適にゲームができるかは、比較するまでもありません。

達人への道

業務ロジックの簡素化が最もDXに効果的

異常系を極力なくし、業務フローを簡素化することこそ、米国の全産業に通じる生産性向上の隠れた秘密だ、というのが著者が米国滞在経験から得た学びです。業務フローを簡略化することで業務のスループットが上がります。意思決定が速くなり、様々な施策を短時間に実行でき、コーディングも短時間で行えるようになります。米国のビジネスシーンでは何よりも「速さ」が求められることがしばしばあるのですが（速さの重視については**04-07節**で取り上げます）、この文化が成立するのも、複雑なことをあえてやらないという徹底したビジネス文化の賜物だと思います。

04-**06**

職業としてのエンジニア **04**

タスクを細切れにしろ

　前節で業務フローを簡素化することが米国流ビジネスの強さの秘密であることを見ました。本節ではそれと関連するもう1つの米国流ビジネスの秘密を見ます。それがタスクを可能なかぎり切り刻んで細かくするという流儀です。米国では一部の頭の切れる人たちが業務フローを可能なかぎり細かい粒度まで分解し、誰でもできるような単純なタスクにして、それを大量のワーカーに割り当ててスループットを出すという戦略をとります。これは日本の丸投げ文化とは対照的なやり方です。米国流のやり方は世界中どの地域でも再現可能という点で、彼らのグローバリズムを支える大きな武器になっています。

「テスト環境を準備して」は妥当な命令か

　04-03節で取り上げたメチャクチャなプロジェクトにおいて、ようやく性能試験ができるくらいまでの品質まできたかな、ということになって、性能試験用の試験環境の構築を米国企業に依頼することになりました。そこで「性能試験をやるからテスト環境を用意してほしい」と依頼を出したところ、「わかった」という返事。本当に大丈夫かな？

　数日後、「テスト環境ができた」という連絡を受けたので、まずは疎通から確認すると……通らない。エラー連発でそもそも正常系の業務フローからしてまったく通らない。いい加減な仕事しやがってと毒づきながらクレームを入れると、相手の米国人はニコニコしてこう言います。「テスト環境を構築してくれと頼まれたけど、**動くかどうかの確認までしろとは頼まれていないよ**」。え……と一瞬固まります。

　たしかにそこまでは言っていないが……普通テスト環境を作ってくれと依頼したら、動作確認も暗黙に含まれるものではないだろうか。これはアメリカンジョークの一種だろうか。腑に落ちないまま、今度は「テスト環境の疎通を確認して、動く環境を作ってくれ」と依頼します。今度もわかったという返事。「疎通がとれた」と連絡を受けたのでテスト環境を確認してみると、何だかおかしい。WebサーバとAPサーバが**1台ずつ**

231

しか立ち上がっていない。機能試験ならそれでもいいかもしれないが、性能試験をやるというのにこれでは使い物になりません。

そこで再度「サーバが1台しか起動していないんだけど」というクレームを入れると、相手はニコニコしながら「サーバを**全台**立ち上げろという依頼は受けていないよ」と。いや、たしかにそこまでは言ってないよ。言ってないけど、性能試験をやると伝えているのだから、そこは**暗黙**にすべてのサーバを利用可能にするという命令も含まれているとは考えないのだろうか？ アメリカンジョークも度が過ぎるぞ。しかし、米国人はそこまで考えないのです。やむなく今度は「すべてのサーバを起動してほしい。動作確認もすること」と依頼します。ここまで依頼して、ようやく性能試験を実施できる環境が整いました。つ、疲れる。

ローコンテクストとハイコンテクスト

さて、皆さんはこのようなやりとりを見てどのように感じたでしょうか。この場合、落ち度があったのはどちらのほうでしょう。日本人ならば、「テスト環境を用意して」の一言ですべてのサーバを立ち上げ、疎通確認までして環境を引き渡してくれるでしょう。しかし、米国ではこの命令は大ざっぱすぎて、依頼を出す側が悪いとみなされるのです。もっと粒度を細かくして依頼を出さなければならなかったのです。これが良くも悪くも米国スタンダードです。彼らは言葉に表れていることに（なるべく手間をかけない方法で）忠実に従おうとします。一を聞いて十を知るなどということは期待できません。十を知ってほしいなら、十を伝えねばならないのです。いや、十二を伝えるくらいでちょうどよいかもしれません。

万事につけてこの調子なので、日本側のフラストレーションはMAXに達して米国側に対してことあるごとにキレていましたが、著者は、これはお互いの文化の違いがバックグラウンドにある問題だと思います。いわゆるローコンテクストとハイコンテクストの対照です[15]。コンテクストというのは「価値観、文脈、状況」といった意味合いの言葉です。

ハイコンテクストの文化圏では、バックグラウンドとなる知識の共有性が高く、言葉以外の表現に頼るコミュニケーション方法が多用されます。言葉による説明が少なくても意思疎通が可能で、会話の際は表情の変化や声のトーン、体の動きなどの行間を読むことが求められます。また、共通認識や同じ文化的背景、知識を前提として会話が進むという特徴も持ちます。ハイコンテクストの社会では、物事を断言したり直接的に説明

---

[15]「コンテクストとは？意味やビジネスシーンでの使い方を解説」：https://www.profuture.co.jp/mk/recruit/management/31173

したりすることはあまりありません。詳細を説明する表現は用いられず、しばしば抽象的な言い方が多用されます。忖度とか阿吽の呼吸というのは、ハイコンテクストの社会に特有の現象です。たとえば冷房の温度を下げてほしい場合でも、直接的に「冷房の温度を下げてほしい」とは言わずに、「いやあ今日は暑いね」という婉曲表現を使ったりします。島国である日本は、人種・文化的な多様性が少ないので、話し手と聞き手に共通項が非常に多いと考えられます。また、教育水準が全国一律で同じレベルの似たようなカリキュラムが担保されていることも、ハイコンテクスト化を後押ししています。

　反対にローコンテクストの文化圏では、言葉による直截的なコミュニケーションが重視されます。婉曲表現や暗黙の含意といったものは好まれず、ストレートに断言する言い方でないと相手に伝わりません。皆が同じ価値観や情報、文化を共有していないため、文脈や暗黙の前提に頼らず、伝えるべきことをすべて言語化することが求められます。明示的かつわかりやすい表現が重視され、コミュニケーションにおける意味は言語によって表現された以上の含意を持ちません。要するに、言葉が額面通りに受け取られるのです。「いやあ今日は暑いね」と言ったら、「そうだね」と返されて終わってしまうのがローコンテクストの社会です。

　米国は典型的なローコンテクスト社会であり、日本は逆に典型的なハイコンテクスト社会であると言われています。米国がローコンテクストである理由の1つは、米国が移民社会であることが関係していると思われます。異なる文化的バックグラウンドを持つ人たちが寄り集まって社会を構成しているため、暗黙に共有されている知識や前提が大きく異なるのです。冒頭の「テスト環境を用意してほしい」という依頼は、ハイコンテクストの社会では問題なく通じるメッセージですが、ローコンテクストの社会では曖昧すぎて、多義的に解釈される余地のある依頼だったのです。

ローコンテクストのメリット

　日本人がローコンテクスト社会の人たちと会話をすると、いちいち細かいことまで説明しなければ話が通じないため、「めんどくせえ……」という感想を持つことがしばしばありますが、ローコンテクストにも大きなメリットがあります。それは言語的メッセージですべてを網羅しようとするため、指示や命令が非常に具体的でわかりやすくなることです。行間を読んだり暗黙の前提を察したりする必要がないように、また異なる文化的バックグラウンドを持つ人たちが読んでもわかるくらい細分化して書かれているのです。日本人からすると、「ここまで細かく書く必要はないんじゃないか」という粒度まで細かいことが書いてあります。米国の学校の教科書は非常に分厚いことで知られていますが（1,000ページを超えるものもある）、これもローコンテクストならではの文化で、文章の途中で飛躍や省略を極力起こさないように事細かに記述してあるからな

のです。また、会社においても人の出入りが非常に激しいため、誰が入ってきても即戦力になれるよう極めて細かいマニュアルが整備されています。管理職のような非定型業務の多い職種にまでPolicy Manualが用意されていることがしばしばです。ローコンテクストに最適化されて非常に工夫されているのです。

このローコンテクスト型のコミュニケーションには、利点が3つあります。1つ目は、あまり教育水準の高くない単純労働者（下手すると英語が話せない／苦手）にも命令が容易に伝わることです。単純労働者をローコストで多数用意して**業務をスケールさせる**ことが可能になります。あまり優秀でない労働者からなる集団でも、マニュアルが優れていれば一定の品質を確保できるのです。2つ目は、**グローバルに展開しやすい**ことです。文化的バックグラウンドに依存しないコミュニケーション方法であるため、異なる文化圏の国においても、文章の意味について解釈のブレが発生しにくいのです。そのため、グローバル社会に向いているのはローコンテクスト型のコミュニケーションに慣れた国民だと言えるでしょう。よく「マクドナルドが存在しない国のほうが少ない」と言われますが[16]、この順応性の高さもローコンテクスト型文化の強みです。3つ目のメリットは、すべてのノウハウをマニュアルとして文書化するため、**組織記憶**（institutional memory）が蓄積しやすいことです。人の入替えが頻繁に起きる組織でも、大きな品質の低下なく長期にわたって高いクオリティの仕事を継続することができます。反対に、日本の組織においてよく問題になるのが**知識の属人化**です。特に団塊世代の大量退職を迎えて、どの組織も人に蓄積されていた知識が失われるという事態に直面して大きな問題になっています。このような問題に対しても、ローコンテクスト型の組織は強いと言えます。

タスクを細切れにしろ

ローコンテクスト社会の人々とコミュニケーションをとるうえで有効な手段は1つしかありません。それは相手の流儀に合わせて命令を可能なかぎり細分化し、**原子的**なタスクに落とし込むことです。最初は手間に感じるかもしれませんが、自分の中でもタスクの解像度を上げていくことにつながり、抜け漏れが見つけやすいというメリットがあります。たとえば、性能試験でアプリケーションがエラーを吐いて障害が起きたとき、Jiraにチケットを登録するとします。そのとき「性能試験で障害が起きたのでアプリケーションを調査してほしい」とだけ登録すると、米国人からは間違いなくクレームが

---

[16]そのため、**ビッグマック指数**という各国の物価指数を比較するための経済指標まであるくらいです。ビッグマックはほぼ全世界でほぼ同一品質のものが販売され、原材料費や店舗の光熱費、店員の労働賃金など、様々な要因を基に単価が決定されるため、総合的な購買力の比較に使いやすかったのが、この指標の始まりだったと言われています。

きます。「チケットが大ざっぱすぎる。1つのチケットには1つだけのタスクが対応するように書いてほしい」。

障害を調査する場合は、現実には複数のタスクとステップが必要になりますが、まずやるべきはログの確認です。そこでこのチケットを次のように単純化します。

「APサーバ1号機のアプリケーションサーバのログの何行目のエラーを確認してほしい」

このくらいの粒度で書けば米国人にも通じます。このチケットに対して、相手から「うん、たしかに指定された箇所でエラーが発生しているのを確認した」という返事がきたら、第2段階に進みます。「このエラーの原因を特定してもらいたい」。ここでさらに畳みかけて「エラーには負荷によるリソース枯渇が関係しているのか、それとも純粋にプログラムの不具合か」といった疑問を尋ねたくなりますが、そこをグッと我慢して、ワンステップずつ進める必要があります。解析の結果、「アプリケーションの排他制御に問題があるようだ。だから単体試験では出なかったエラーが性能試験で出るようになった」ということが突き止められたとします。ここまできてようやく「アプリケーションの修正を依頼する」という命令を出すことができます。日本人のプログラマを相手にしているなら、大ざっぱに「試験でエラーが出た」とだけ伝えればあとはよしなにやってくれますが、ローコンテクストの世界に生きる人間を相手にするときは、1歩ずつ着実にプロセスを進める必要があるのです。

ローコンテクストは悪か

ハイコンテクストの世界に慣れた人間がローコンテクストの世界に住む人間を相手にすると、非常に**疲れます**。空気を読むことに長けた日本人は少ない言語的メッセージからでも相手の意図を的確に見抜くことができますが、それだけに空気の読めない外国人を相手にすると非常に消耗します。しかし、これはただ社会の成り立ちが違うために起きている齟齬であって、どちらか一方が悪いというものでもありません。それに文中でも述べましたが、ローコンテクストにも利点があるのです。世界を股にかけるグローバル企業は例外なくローコンテクストの文脈を前提に組織が構築されています。日本人もますます他の国の人と一緒に仕事をする機会が増えていくと思いますが、そのときはローコンテクスト型に合わせたコミュニケーションが必要となることも多くなるでしょう。

達人への道

グローバルで働きたければローコンテクストに慣れよう

本節では、著者が米国企業と働くようになって最初に直面した問題「ローコンテクスト」と「ハイコンテクスト」についての考察を行いました。両方の文化圏の人間が一緒に働くとすぐにコンフリクトが発生しますが、その場合はハイコンテクスト側がローコンテクスト側に合わせる必要があります。逆はできません。ローコンテクスト社会に生きる人間にいきなり「空気を読め」とか「忖度しろ」と言ってもできません。端的に不可能です（そもそも彼らはそんなことをやる必然性を見出せません）。それに、ローコンテクスト型の働き方というのは、慣れてくると非常にシステマティックで洗練されたものであることがわかってきます。著者は、米国人とのローコンテクスト型コミュニケーションを経て、かなりわかりやすく指示を出したり文章を書いたりできるようになったと思います。皆さんも、異なる国の人と働く機会があると思いますが、そのときこのハイコンテクスト／ローコンテクストの違いを思い出してみてください。コミュニケーションのヒントになるのではないかと思います。

04-07

職業としてのエンジニア 04

早飯早グソは三文の得

シリコンバレーの企業は、製品の品質よりも何よりも速さを重視します。これは失敗してもすぐに次に行けるようにする「打席数を増やす」という意味合いもありますし、とにかく速く製品を開発してライバルより先に出さないと熾烈な生存競争に勝てないという理由もあります。

一見するとシリコンバレーの企業文化は牧歌的で自由な社風に見えるのですが（たしかにそうした側面もあるのですが）、一方ではいかにして速さを実現するかに腐心しているのです。

Box 社見学ツアー

ちょっと品のないタイトルで申し訳ありません。しかしこれは今回の話の根幹にまつわる単語なので、どうしても使わざるをえませんでした。ご容赦ください。

著者がシリコンバレーで働いていた頃、日本の本社側がBoxを導入したいと言うのでBox社との打ち合わせ（テレカン）に著者も参加していました。そのとき「せっかくシリコンバレーに住んでるなら一度本社に来なよ」とお誘いをいただいたので、お言葉に甘えてひょこひょこと見物に出かけました。完全なおのぼりさんムーブです。

別に著者は導入に関して意思決定権者ではなく、横からアドバイスしたり通訳したりしているだけのはっきり言ってどうでもいい存在だったのですが、わざわざガイドの人が付いていろいろと社内を見せてもらいました。その中でシリコンバレーの自由な気風を伝えるものをいくつか紹介したいと思います。

まず驚いたのは、会社でアルコールを提供していることでした。ビールサーバが設置されていたのです。米国では業務中にアルコールを飲む人が一定数います。個室を持っている人は、自分で酒瓶を持ち込んでいることもあります。テレワークが進んで一層その傾向には拍車がかかっているようで、コロナ禍になってから米国人の飲酒量は増えているという統計があります[17]。

---

[17]「在宅勤務中に4割以上が「飲酒」と回答」: https://www.newsweekjapan.jp/stories/world/2020/04/post-93275.php

著者は下戸なので、そこまで業務中に酒が飲みたいものかね、と思いますが、ここには「やることさえやっていればあとは個人の自由に任す」というシリコンバレーの寛容な精神が見てとれます。

　さらには、南国のビーチを意識したという休憩スペースすらあり、ツアーの最中にもゴロゴロしている社員がいました。米国人は机に向かって仕事をするのが嫌いな人が一定数いて、チェアや地べたに座ってPCをカタカタ操作している人も少なくありません。仕事中は机の前に座っていることという縛りも特にないので、考えごとをするときに社内をウロウロ歩いたり、散歩に出かけたりしてしまう人もいます。

　さらに、社内には瞑想専用の部屋まで用意されていました。シリコンバレーのある西海岸は、60年代のヒッピームーブメントの頃に東洋的なものにかぶれた歴史があり、瞑想やヨガ、禅などが大好きです。スティーブ・ジョブズもそうだったのは有名な話ですし、Oracleのラリー・エリソンも日本文化が好きだと公言しています。おそらくそこまで思想的に深く追求するつもりはないのでしょうが、そういうのがクールに見えるのでしょう。ただツアーガイドの人は「ぶっちゃけ**昼寝部屋**になっている」と笑っていました。

　日本企業でこれほどまでの休憩スペースを用意している企業は少ないと思います。しかし、仕事をしていて疲れると「ちょっと横になりたいな」と思う瞬間というのは、結構あるのではないかという気もします。著者も今はテレワーク主体なので、疲れるとソファにゴロッと横になって本を読んだりしています。

GSDは何の略語か

　しかし著者が最も感心したのは、こういういろいろな趣向を凝らした設備ではなく、玄関にさりげなく掲げてあるモットーでした（**図04-03**）。「リスクをとれ、早く失敗しろ」まではわかります。最後のGSDは何の略でしょう？

図 04-03 GSD

　これは「Get Shit Done」というスラングです。「さっさとクソを終わらせろ」ということで、転じて早く仕事を片づけてしまえ、という意味で使われます。なぜこの標語が玄関に掲示されているのか。

　シリコンバレーのスタートアップは、そもそも成功率が低いことをやろうとしています。それはもう誰しもわかっていることです。成功率を上げる方法がわかれば苦労はないのですが、そのような体系的な方法論は見つかっていません（見つかっているなら、今頃スタートアップはみんな億万長者です）。そこで彼らが考えたのが**試行回数**を増やすことです。よく野球にたとえて打席数を増やすとも言います。何回三振してもいい、一発でもホームランが出ればそれで勝ちなのです。そういうゲームを彼らはしています。そのためには、早く失敗して、ダメならすぐに次のチャンスに行けるようにしなければならない。失敗するのはもちろんよいことではないが、ダラダラいつまでも続けるのが一番悪いのだ、ということを戒める警句です。

　これは減点方式で人を評価しないという文化とセットになっています。もし減点方式で人を評価していたら、シリコンバレーからは早晩誰もいなくなってしまいます。失敗したということは、うまく行かない方法を1つ発見したということなのだと捉えて、その経験は次に活かせばよい。実際、最初のチャレンジでは一敗地にまみれても、2度目3度目のチャンスで成功する人も多くいます。言い換えると、シリコンバレーの世界は**多産多死**のエコシステムなのです。一発必中を狙う必要はない。好きなだけ三振をしていい。その代わり失敗から学ぶ、自分に厳しい姿勢が求められます。"Failure is an opportunity to begin more intelligently" という言葉がシリコンバレーではよく使われます。「失敗はより賢く始められる機会だ」という意味です。日本語のサブカルチャーっぽく訳すと「強くてニューゲーム」ということです。

GSDは、そんなシリコンバレーの矜持と自信が表れた、思わず玄関に掲げたくなる
スローガンなのです。

光よりも速く

　GSDと似たニュアンスの言葉として、Metaのザッカーバーグの「完璧を目指すより
まず終わらせろ（Done is better than perfect）」という言葉があります。人間、もの
を作っているとついつい完璧を目指していつまでも時間をかけたくなってしまうもので
す。著者も本を書く身なのでその気持ちはよくわかります。しかし、それでは熾烈な生
存競争に打ち勝つことはできない、という意味が込められている言葉です。実際、シリ
コンバレーで暮らしてみるとわかるのですが、革新的と思われたソフトウェアやサービ
スが出てくると、それほど時間をおくことなく**クローン**が登場します（**03-02節**で見た
CockroachDBもSpannerのクローンです）。中には「これ丸パクリじゃないの？」と
あきれてしまうようなものまであります。たとえば、ライドシェアのUberは日本でも
有名ですが、そのライバルにあまり知られていないLyftという企業があります。Lyft
を初めて使うと誰しも思うのが

　「これUberじゃないの」

という感想です。それくらい使い勝手やUIがそっくりなのです。違うところを探せと
いうほうが難しいくらいです（著者も両方使っていて、その時々で料金が安いほうを選
んでいました）。
　あるいは、フードデリバリのUber Eatsは日本でも人気を博していますが、米国に
はこれもライバルのDoorDashという企業があり、両者の使い勝手は瓜二つです。著
者も両方使っていました。
　このように、シリコンバレーでは**ビジネスアイデアに関する知的財産保護の考えが非
常に緩く**、1つ成功したサービスやアプリが登場すると、あっという間にそれをまねす
るライバルが現れるのです（米国は訴訟社会のイメージがあると思いますし、実際にシ
リコンバレーでもビッグテックは訴訟もしますが、一般にスタートアップにはそこまで
人的・時間的リソースに余裕がありません）。
　こうした理由から、先行者が先行者利益を十分に享受するためには、とにかく速く走
り続けなければならないのです。止まると死んでしまう回遊魚みたいなものです。一時
はシリコンバレーの王者として君臨したかに見えるAppleでさえ、昨今はiPhoneの販
売が振るわず、Googleを中心としたAndroid勢に押され気味です。生前ジョブズは

職業としてのエンジニア 04

Androidに対して「盗作だ」と激怒していたと伝えられていますが[18]、怒っても詮のない話です。シリコンバレーの企業は、常に製品をブラッシュアップし、新たなサービスや機能を投入し続けなければいけない無限の螺旋階段を上る運命にあるのです。止まれば真っ逆さまに落ちていくしかないのです。

タイムイーター

シリコンバレーで働いていると、日本企業の人たちが視察に訪れることがしばしばありました。著者も何度もそういう人たちのアテンドをしましたが、その際よく出てくる要望に「イケてるスタートアップのオフィスに見学に行きたい」というものがありました。これはただの観光の場合もあれば、真剣に商材を探しにきているケースまでピンキリでしたが、著者としては気の乗らないタスクの1つでした。なぜなら、スタートアップの側に迷惑だけをかけて、彼らに得るものがないからです。日本企業は見学こそ熱心に行うが、それで自分たちのサービスや製品を採用してくれるかといえば「検討する」とだけ言ってあとはなしのつぶて。「**時間泥棒（タイムイーター）**」だというのがシリコンバレーにおける日本企業に対する一致した評価です。付き合いのあるスタートアップの側に一方的に負担をかける打ち合わせを依頼するのは、良心の痛むタスクでした。中には「スタートアップからアイデアを盗みにきている」と広言する日本企業までいました。案内する気も失せるというものです。

スタートアップ、特にそれが人気企業であればあるほど、打ち合わせの依頼が世界中から殺到しています。したがって、彼らにとってはその1つひとつが真剣勝負の**商談の場**です。自分のところの商品を買ってくれるのか、業務提携をするつもりがあるのか。そうした観点から相手をシビアに見ています。初めての打ち合わせで商談をまとめてしまうケースも珍しくありません。世界中からくる側も真剣勝負なのです。しかし、日本企業だけは「あいさつ」や「勉強」をしにくるのです。著者の知り合いのスタートアップの社員は、日本人への対応に疲れて「自分は彼らの教師じゃない」と愚痴をこぼしていました。

仮にそのミーティングで商品を気に入って担当者が購入の意思を持ったとしても、今度は日本側で稟議のハンコリレーと繰り返される打ち合わせの無限ループが始まり、意思決定に膨大な時間がかかります。それこそ半年とか1年かかることも珍しくありません。1分1秒を惜しむシリコンバレーの流儀とは、まったくかみ合いません。そんなこともあり、のんきな顔をして物見遊山の気分でやってくる出張者には、内心舌打ちをせずにはいられませんでした。

[18]「ジョブズ氏は「Android」に激怒していた--伝記著者が証言」: https://japan.cnet.com/article/35015941/

達人への道

Faster, Faster and Faster!

シリコンバレーのスタートアップは、その99%が鳴かず飛ばずで終わります。期待値だけを見たらはっきりとマイナスのビジネスです。そのような成功率の低い事業を少しでもうまくいくようにしようと日夜工夫が凝らされていますが、その1つがGSDの精神です。どうせ失敗するのならば早く失敗して次の打席に立つこと。それによってホームランを打つ確率を少しでも上げようというのがシリコンバレーの考え方です。そしてそれは、失敗に寛容な文化とセットになってこそ力を発揮するものです。

また、次々と現れるライバルとの熾烈な生存競争に勝ち残るためにも、速さというのが唯一無二の武器になります。1秒でも速くプロダクトを世に出すことが、成功への近道です。バグが多少残っていようとかまいません。**拙速は巧遅に勝る**のです。日本企業はそこまで苛烈な競争環境に置かれていませんが、ビジネスにおける速さの効用を実感してもらえたならば幸いです。

戦略的思考

　米国人は交渉において、相手の好き嫌いにかかわらずある選択肢を選ばざるをえなくさせるという戦略を得意としています。これは、米国企業が軍隊のような戦う組織として作られていることに起因する考え方の癖のようなものだと思います。それ以外にも、徹底されたトップダウン・アプローチ、マネージャの権限の強さなど、米国企業が軍隊と似ているところはたくさんあります。このため、指揮官が優秀だと米国企業は無類の強さを発揮しますが、ダメな場合は本当に上から下までダメな組織になり下がります。日本人にはない発想の仕方から、仕事に活かせるヒントを探ってみましょう。

やる気のない米国人

　前節では、シリコンバレーの熾烈な競争環境とそれに打ち勝つための方法論である「速さ」という戦略を紹介しました。しかし、シリコンバレーの環境というのはある意味特殊で、超一流の優秀な人材がひしめきあって切磋琢磨しているような場所は、広く米国を見渡してもそれほど多くありません。ほかの米国企業には、言葉は悪いのですがやる気のかけらもないところがいっぱいあります。本節で取り上げるのは、著者が一緒に仕事をした企業の1つであるA社です。ここは、IBMの衛星企業みたいな会社で、オハイオ州クリーブランドに本社を構えていました。クリーブランドは、野球が好きな人はクリーブランド・ガーディアンズの本拠地として知っているかもしれません。一般には、さびれた工業地帯（ラストベルト）として有名です。著者も何度か訪れましたが、「全米危険な街ランキング」にランクインしたり、アジア系への差別が残っていたりして、あまり良い印象は持っていません。カナダに近い北の街なので、冬が恐ろしく寒かったのを覚えています。

　A社のほかに、B社というインドに本拠を置く企業もプロジェクトに参加していたのですが、この2社はあらゆる意味で対照的な会社でした。A社のほうは、典型的な米国企業で、やる気なし、品質も悪い、スケジュールを守らない、二言目には文句を言う、態度は傲岸不遜。B社は真面目で顧客の執拗なカスタマイズ要望にも対応する、態度も

謙虚で日本的な過剰品質を求める顧客からの要求にも誠実に対応していました（どちらの会社も顧客が直接契約しており、自分の勤める会社との契約関係はなかった）。プロジェクトの建て付けは、次の図のような形でした。

図 04-04 プロジェクトの建て付け

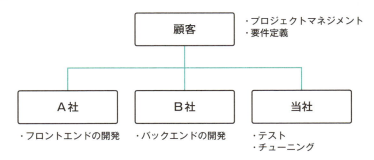

当然のごとく、プロジェクトはＡ社に足を引っ張られ、度重なるスケジュールの延期を余儀なくされていました。顧客もついに堪忍袋の緒が切れて、一次開発が終了したタイミングでＡ社との契約を解除しようという議論が行われていました。その後の開発はＢ社と当社主体で進めようという話になっていました。著者はその議論を横で見ていたのですが、まあ妥当な判断だろうな、と思いました。そのくらいＡ社の態度には目に余るものがあったのです。

米国人の発想

この顧客側の動きをどこからか察知して、Ａ社側も危機感を募らせます。さすがの彼らもこれはマズい、ということに気がつきました。さて皆さんがＡ社の立場だとしたら、顧客から切られないようにするため、どういう行動に出るでしょうか？

心を入れ替えて真面目に働く

というのが大方の日本人の発想ではないかと思います。しかし、米国人はそうは考えません。甘々シュガーベイブです。Ａ社がとった行動は、

Ｂ社を買収する

職業としてのエンジニア　04

というものでした。これには著者を含め、日本人の全員が虚をつかれました。そんな選択肢があったのか！？　と驚かされました。これが米国式の考え方の一典型です。自分たちのやり方を改めようなどとは露ほども思いません。そもそも自分たちが悪いとは思っていないのです。心を入れ替えて真面目に働くなんて面倒なことをしなくても、顧客が自分たちを切りたくても切れないような状況を作り出してやればいい。これが米国式の戦略的思考です。相手の思惑や好き嫌いなど関係なく、否応なしに**選択肢**の幅を狭めて相手を追い込んでいくやり方です。

　著者は初めて、見るべきものは何一つないと思っていたＡ社を、少し見直しました。どうしてなかなか瞠目すべきものがあるじゃないの……。

意思決定権者は誰か？

　著者が直接関わったことのある米国人は、いずれもナチュラルにこの戦略的思考をしてくることが多かったように思います。現場の人間に好かれようとか良く思われようという意識はあまり持っていませんでした。そういう好きか嫌いかとかいう感情の次元を超えて、相手がある選択を選ばざるをえないような状況を作り出すことで、ゲーム全体をコントロールしていくというやり方を好んでいました。

　このような強引な状況の作り方は、彼らの好むトップダウン・アプローチに顕著に表れていました。あるとき、Ａ社の１人から、性能監視の新製品を導入したいから顧客の意思決定権者が誰か教えてほしいと尋ねられたことがあります。著者が「日本企業では、はっきりした意思決定権者はいない（建前ではいることになっているが）。権限が分散していて、合議制で決まるので、様々な人に事前に根回しが必要だ」と答えると、先方は何を言っているのかわからないという表情。「意思決定権者がいないなんてそんな会社あるわけないだろう。意地悪せずに教えてくれよ」とせっついてくるのですが、いないものはいないのだから、こっちとしてもない袖は振れません。

　米国企業においては、マネージャに明確な権限が与えられており、予算の編成、人材の雇用、製品の採用、開発会社の決定といった意思決定のキーパーソンがかぎられています。そのため、営業をかける際にも特定のキーパーソンを直撃すればよい、という発想になります。一点集中突破です。下々の現場の人間がどう考えているかは重要でないため、先方もまったく眼中にありません。一方、日本企業では往々にしてその権限の所在が曖昧で、「関係者一同」に権限が分散されていることがしばしばあります。そのため現場の人間も含めた合議制による全員一致が求められることが多く、事前の根回しが重要な意味を持ちます。ここのすれ違いが大きな齟齬を生むことになります。強引にトップリレーションを仕掛けようとする米国企業には、日本企業の現場の人間（彼らから見るとただのワーカーにしか見えない）が想像以上に発言権を持っていることが理解

245

できないのです。

軍隊としての企業

　こうした米国企業の様子を見ていると、04-05節でも見ましたが、軍隊に似ている、と思います（著者も別に軍隊での勤務経験があるわけではないのですが）[19]。上意下達が徹底されており、各メンバーが持っている権限が明らかになっていて、各人に仕事が割り当てられたら互いに干渉せず淡々と任務を遂行していく。これは、**戦うための組織だ**というのが著者が米国企業を見て抱いた評価です。こうした組織は、上層部が優秀な場合には非常な力を発揮します。意思決定が速く、組織全体が一斉に同じ方向を向いて一斉に走り出します。日本では人事部が人事権を持っていますが、米国企業では一般に現場のマネージャが人事権も持っているため、気に入らない部下がいるとすぐに解雇されます。これは部下がイエスマン化するという弊害もあるのですが、マネージャが優秀な場合は戦闘能力に優れた部隊が結成されます。特にその動きの速さは、前節でも述べた通り日本企業がとてもついていけるスピードではなく、「日本企業は意思決定が遅くて話にならない」と相手にされないこともしばしばです。

　反対に、上層部がダメな場合、全員で間違った方向に全力疾走してしまうため、米国企業の零落は半端ない速さで進みます。冒頭で触れたＡ社は明らかに経営層が無能でした。結局、これ以上Ａ社と関わることを嫌った顧客によって次期開発そのものがストップし、Ｂ社を買収したというＡ社の戦略は徒労に終わります。著者とＡ社の付き合いもそこで終わりましたが、のちにＡ社は大幅なリストラを行い、ほどなく倒産したと聞いています。米国企業というとGAFAのような超一流企業の話ばかり日本に入ってくるので、なんだか米国企業というのはすごいものだと思い込む人もいますが、実際にはまるでグダグダの三流企業のほうが多いものです。過度な神格化は無用です。

---

[19] 皮肉なことに、その軍隊においては、近年、伝統的な国と国同士の戦争よりもテロリストとの戦いが主流になるにつれて、上意下達の命令系統は過去のものとなり、不確実性を前提とした組織運営を余儀なくされており、新たなマネジメント方式を開発しつつあります。「【指示しないマネジメント】いま注目の軍隊式マネジメントで組織を変える方法とは？」：https://www.ricoh.co.jp/magazines/workstyle/column/army/

> **達人への道**
>
> ### 自分たちに有利な状況を作り出すのが戦略
>
> 本節では、米国企業の1つの典型的な思考法である戦略的思考を見ました。それは、相手の選択肢を絞っていくことによって自分が望む選択肢をとらざるをえなくするという方法論です。状況のコントロール権を握ることを何よりも優先するのです。彼らがこのような発想をするのは、組織がトップダウンで構成されていて、マネージャに巨大な権限が与えられており、そこさえ攻め落とせば勝てると考えているからです。しかし、日本企業は往々にして現場の人間が地位以上に力を持っている組織であり、意思決定も合議制の形をとるため、関係者全員に対する根回しが必要になります。どちらも一長一短のあるやり方ですが、上層部が優秀である場合は、ビジネスのスピードという点で米国流は絶大な力を発揮します。

04-09

怒りという武器

　著者ほど米国人を怒らせた人間もそうそういないだろうな、と思います。同じプロジェクトで働いていたとき、毎日顔を合わせるたびに先方を怒らせていました。しかし、今から冷静になって振り返ると、彼らはただ闇雲に激情に身を任せていたわけではないように思えます。そこにある計算があって怒りという感情を使っていたのではないか、と思えてならないのです。それは「道具としての怒り」とも言うべき狡猾な交渉テクニックだったのではないか。本節では、ビジネスの現場における「怒り」という感情について、その効用と対策を検討します。

"
　私は、怒りは正しいと信じている。聖書にも怒るべき時があると書いてあるではないか。

"

――マルコムX

12人の怒れる米国人

　自分ほど米国人を怒らせてきた日本人もなかなかいないのではないか、と思うことがあります。これは回数もそうですし、激しさの面においてもです。特に、前節に登場した米国企業とは、顔を合わせるたびに言い合いになって、最終的には相手が激怒する、ということを繰り返していました。あるときは、性能試験の結果を報告する場で「アプリケーションの品質が悪すぎてエラー連発で試験にならない」と言ったら、先方の責任者が「たかがテスターが偉そうな口をきくな！」と顔を真っ赤にして怒鳴って机をたたいたこともありますし、スケジュール遅延を繰り返していたので「プロジェクト管理を我々が巻き取ろうか」と提案した際にはNGワードを連発しながら顔を真っ赤にして部屋から出て行ってしまいました。挙げ句の果てには「プロジェクトが遅れているのはお前らの英語が下手なせいだ」というメールを顧客の幹部に送られたこともあります。日本企業の仕事をするのに日本語ができるメンバーを雇おうとは思わないお前らはどうなんだ？　まあ、そんな発想は持たないのが米国人の米国人たる所以です。常に自分たち

が世界の中心にいると思っている。

それに、先方にも一分の理がないわけではありませんでした。テスターがプロジェクト管理にまで口を出すことは、越権行為であることも事実です。何のためのRole & Responsibilityなのかわかりません。そもそも当社と米国企業の間には何の契約関係もありません。そんなやつの指図をなぜ受けなければいけないのか？ 日本企業同士であれば、そのあたりは現場で「いい感じ」に調整して協調しますが、何事も契約ベースで進める四角四面の米国人には通じません[20]。また、英語（というか米語）のdeadlineはかなり緩い使われ方をすることが多く、日本語の締め切りほど切迫した意味では使われません。折あるごとにせっつかないと緊急性が伝わらないのです。

こんなふうに衝突を繰り返したこともあり、著者は今でも米国人はすぐに怒る国民だという印象を持っているのですが[21]、これが不思議なもので、次に顔を合わせるときはニコニコして「調子はどうだい？」と声をかけてくるのです。昨日の激昂はいったい何だったのか、とあきれてしまうぐらいの変わり身の早さです。これはいったい何なのだろう？ もしかして、怒っているフリをしているだけなのかな、と首を捻っていました。

今から振り返ると、この勘は当たらずとも遠からずだったのではないかと思います。観察していると、米国人は交渉の一手段として怒りという感情を使っているフシがあったように思えるのです。相手を自分の思うようにコントロールしたいとき、自分の意見を何としても通したいとき、そういう場合に怒りを道具として使っているのではないか。いわば交渉の武器としての怒りです。このように怒りを交渉におけるカードとして使うタイプを、**交渉型**の怒りと呼んでおきましょう。

怒りは合理的な感情か

たしかに、怒りというのはしばしば交渉において効果を発揮します。相手が怯めば、自分の意見を押し通すことができます。そのあとも周囲が「あいつは怒らせると手がつけられない」という印象を持ってくれれば、腫れ物に触るように遠慮がちなコミュニケーションになり、主導権を握ることができるようになります。日本人の多くは、ガタイのよい米国人に怒鳴り散らされると畏縮してしまい、相手の言いなりになってしまいます。なるほど、怒りというのは、物理的な暴力に担保されているかぎりは合理的な感情なのかもしれない、と思うようになりました。まねしたいとは思いませんでしたが。

---

[20]本来、プロジェクトマネジメントの責任がある顧客側にも責任があるのではないか、と思った方もいるかもしれません。たしかに原則論としてはその通りなのですが、実際には顧客はITやマネジメントの素人なので、能力的に仲裁は不可能です。
[21]このように書くと、**人種差別**の可能性を考えた人もいるかもしれません。実際、著者も米国滞在中に明らかにこれは人種差別だなとわかる仕打ちを受けたこともあります。しかし、本節で取り上げている米国人たちは、次に会ったときの態度が違いすぎて、たぶんそこまで根深いものではなかったと思います。

日本人も、昔はビジネスシーンで怒りをあらわにすることが多かったと聞いています。著者も上司や先輩から、「客に怒鳴られた」「胸ぐらをつかまれた」「眼鏡を壊された」「灰皿を投げられた」という昔話を聞かされました。それに比べると、現在の日本人はずいぶんおとなしくなったと言えます。全体的に、ビジネスの場は強い感情を出すところではない、という共通認識が成立してきたように思われます。管理職にアンガーマネジメント研修が行われている企業もあるでしょう。怒りという感情はビジネスの場から追放されつつあるようです。ある意味で文明化と呼んで差し支えないでしょうが、しかしそうすると1つの疑問が生じます。

怒りは犠牲者を生む

　怒りという感情がビジネスの場で自分の意見を通すために有効な手段であるとすれば、なぜそれは追放されようとしているのでしょうか。それはもちろん、相手の精神を傷つけるというマイナスの効用があるからです。人権を重視する社会においては、みだりに相手に精神的苦痛を与えてはならないとされます。しかし、だとしたら、人権大国の米国において、なぜ米国人は今でも怒りをストレートに表現するのでしょう？　スティーブ・ジョブズもよく怒る経営者として数々の理不尽な怒りエピソードを持つ人ですが、そんな人物がなぜ神聖化され、理想的な経営者のアイコンとされるのでしょうか？　シリコンバレーには他にも元Uberのトラビス・カラニックのようによく怒ることで有名な経営者が何人もいます。

　おそらくその理由は、**表現の自由**が大幅に認められているからです。米国は物理的な暴力に対しては極めて厳しいスタンスで臨む国ですが、言葉の暴力に関しては妙に寛容なところがあります。その結果、口げんかがやたら達者という人物がたくさんいるのです。2024年に行われた大統領選でも、トランプが相手のバイデンやハリスを口を極めて罵っていましたが、大統領候補にしてこの調子なのだから、下々の者も推して知るべし、というところです。黒人やマイノリティに対するヘイトスピーチもたびたび問題になりますが、それを許してしまう下地（言論の自由）が米国社会の基礎の部分にないかと言えば、そんなこともないだろうと思うのです。

ポジティブな怒り

　また米国人は、怒りという感情にはポジティブな要素があると考えているようにも感じられます。古くは公民権運動から、近年のMe Too運動やBLM（Black Lives Matter）運動まで、社会全体を大渦に巻き込むような大規模な怒りに駆動された運動

職業としてのエンジニア 04

が、米国社会ではしばしば起きます。そこには**正義の怒り**があるのだという考えが読み取れます。米国には信心深いキリスト教徒が多いのですが、聖書において神もしばしば怒り、人間を罰します。ソドムとゴモラを焼き尽くし、大洪水を起こして人類を滅亡寸前まで追い詰めます。こうした背景から、米国では必ずしも怒りは悪い感情ではないという考え方も、一定の支持を得ているように思えます。自ら正しいという確信があり、自分の尊厳や権利が侵されていると思われるときには、怒ることが正しい選択肢として浮上してくるのです。このようなとき、米国人にとって怒りというのは敵と戦う武器の1つとなります。自らを鼓舞し、権益を守るための**武器としての怒り**です。

武器としての怒り

　自分の意見を通すためにわざと怒っている、というと少し穿ちすぎな見方かもしれませんが、米国人が怒りをビジネスの現場における有効な道具として考えているのは、間違いないように思われます。そのため、誰彼なしに怒りをぶつけているというわけではなく、あくまでも自分が「敵」と認定した相手に対してのみ使用します。そうすることで相手の意見を封じ、主張を無視し、自分にとって有利な条件を引き出す。著者は米国人と敵対的な関係（開発者とテスター）で仕事を行っていたため、怒りの標的とみなされていたというのが、今回想すると納得できます。

　一方で、怒りというのは制御の難しい道具です。1つ間違えると相手との信頼関係を壊し、本格的な対立を生むことになります。イスラエルとパレスチナのような血で血を洗う終わりなき復讐の連鎖に陥る危険があります。そのため、著者としては読者の皆さんに怒りを道具として使うよう推奨するつもりはありません。怒りは人間にはコントロールの難しい道具であり、みだりに使うべきではないと思います。しかし、もし相手が怒りを交渉の道具として使ってくる相手だったら、どう対処するか。

相手が怒っているときの対処法

　本気で怒っているにせよ、道具としてわざと怒っている場合にせよ、怒りに対応する最大の抵抗手段は、理性と論理です。決して相手の感情の大渦に巻き込まれることなく、淡々と事実を指摘し、毅然としてこちらの正当性を主張することです。これは場合によっては火に油を注ぐ結果になることもありますが、その場合であっても決して相手の土俵に乗ってはいけません。怒りには伝播性があり、相手が怒っていると（特に理不尽な理由で怒っている場合ほど）、こちらも腹が立ってきて取っ組み合いをしたくなるものですが、それは悪手です。相手が怒ってこちらに詰め寄ってきているときほど、冷静

251

になる必要があります。というのも、自分も相手に合わせて怒ってしまったときほど、こちらにも嫌な感情が残り、その割に一文の得にもならないからです。

したがって、交渉型の怒りに対抗する手段は、非常に簡単なものとなります。

気にしないこと

これにつきます。「ずいぶん頭にきているようだけど、まあ落ち着きなよ。残念ながらエネルギーの無駄だぜ」ということを相手に痛感させることです。相手も本気で怒っているわけではないので、怒りが通じないと判明すると「チェッ、あてが外れたか」と自然に矛を収めます。これはかなりの忍耐と時間がかかる対策なのですが、著者が米国人相手に唯一有効な手段として見出したのがこの方法です[22]。

逃げるは恥でもないし役に立つ

立場が対等の関係であればこれでよいとして、難しいのは力関係が非対称の場合です。たとえば、システム開発において顧客が怒っている場合というのは、対応が難しくなります。システムにバグがあったとかスケジュールが遅延したというこちらに非がある場合は、もちろん謝る以外の選択肢はないのですが、顧客の中にもたちの悪いのがいて、こちらを思うようにコントロールしようとして怒りを使ってくるタイプがいます。いわゆる、わざといちゃもんをつけてくるタイプ、プロジェクトをコントロールするために怒りを使うタイプです（**恐怖政治型**の怒りと著者は呼んでいます）。

著者が経験した中でも、毎朝プロジェクトマネージャを呼びつけて何時間も罵倒するということを繰り返し、何人ものプロマネを病院送りにした顧客がいました。「**プロマネを３人辞めさせてからが本当のプロジェクトさ**」とうそぶいていましたが、このようなタイプに対する有効な対抗手段は、残念ながらありません。日本では「お客様は神様です」という言葉で表現されるように、顧客の権力は絶対であり、その意向に反対することは身を滅ぼすことです。下手に客にたてついて仕事を失うことを恐れる会社や上司も、あなたを助けてはくれません。孤立無援で顧客の怒りにさらされることになります。

この場合の最善の手段は、客と接触のないバックオフィスなどの部署への異動を願い出るか、辞表を書くことです。**つぶされる前に逃げてください**。IT業界から足を洗うことも検討してください。あとに残された人たちのことが頭をよぎって自分だけ逃げられない、という責任感の強い人もいるかもしれませんが、日本では客と戦っても勝ち目

---

[22]ただ、人間というのは相手から怒られると落ち込んだり自分に非があったのかな、とか気に病んでしまうものです。著者も米国人に怒られるたびに夜眠れなくなり、体調が悪化しました。その点で、非常に心身の消耗の激しい戦術でもあります。

はありません。筋の悪い客に当たったときは迷わず逃げることです。逃げるというのは消極的な手段だと思うかもしれませんが、それも場合によっては有効な戦術です。自殺してしまったり、メンタルを病んでしまったり、胃に穴をあけたりしては元も子もないのです。それにあなたが逃げたというその事実が、会社と社会を少しずつ変えることにつながります。日本人はあまりに周囲への迷惑を気にしすぎて、自分さえ我慢すれば丸く収まるのだという考えで我慢に我慢を重ねてしまう傾向がありますが、それではいつかカタストロフィを迎えますし、社会も良い方向には変わらないのです。

社内で理不尽に怒るタイプの社員については、昨今の働き方改革の影響もあり、パワハラとして認知されてきており、人事部へ訴えるとかホイッスルラインへ連絡するといった方法で対抗が可能になってきています。しかし、カスタマーハラスメントについては有効な対抗手段が確立されていないのが現状です[23]。やりとりを録音して顧客を訴えるというハードランディングな手段もなくもありませんが、それは心身ともに消耗が激しく、会社にも同僚にも迷惑をかける手段です。次からその客から仕事を請けることはできなくなるでしょう。大口の顧客であるほど会社へのダメージは大きくなります。いずれ仕事を請ける側が、顧客と対等の関係でやり合うことのできる社会が到来してくれればと切に願いますが、まだその実現は道半ばです。恐怖政治型の怒りに直面したときは、迷わず逃げてください。そのためには、いつでも他の場所で働けるだけの技術を身につけておくこと、ポータブルなスキルを持つことが重要になります。日本で働くかぎり、モンスターカスタマーと遭遇する可能性は、まだまだかなり高いものがあります。そのとき、まわれ右でダッシュする準備を整えておく必要があるのです。

達人への道

怒りへの対処はビジネスパーソンの必須スキル

怒りというのは劇薬のようなものです。使いこなせれば、交渉を有利に進めたり相手を思う通りに動かしたり、万能薬かと錯覚するほどの効果を発揮します。一方で、それは相手との関係を致命的に悪化させ、組織にヒビを入れることもありえます。皆さんも社会で働く長い年月の中では、どこかで怒れる人間の相手をすることもあると思います。そのときは、相手が交渉型なのか恐怖政治型なのかを見定めて、冷静に対処する必要があります。交渉型には気にしないという対処法によって、うまくあしらえる可能性が残されていますが、恐怖政治型の人間に出くわした場合はすぐに逃げる準備を始めてください。日本社会はまだこのタイプを排除できるほど合理的にはできていません。何よりも自衛が最優先です。

---

[23]東京都が全国に先駆けてカスハラ防止条例を制定しましたが、罰則がないのであまり意味のない条例です。

あとがきと参考文献

　さて、どうだったでしょう。データベースとSQLの裏側をのぞいてみるという本書の企画は、楽しんでいただけたでしょうか。もし皆さんが本書の中で「ああ、これは面白い」「もっと勉強してみたい」という気持ちを持てるChapterや節を見つけられたなら、本書の目的は達成されました。実際のところ、本書に書いてあることは、知らなくてもデータベースやSQLを使ううえで差し支えないものばかりです。しかし、皆さんの中にデータベースに対する興味やSQLに対する好奇心を呼び起こすことができたら、本書の試みは成功です。そのような気持ちがあれば、今後も継続的に学習していくモチベーションになるからです。エンジニアの世界は移り変わりの早い世界です。RDB/SQLはその中においても例外的に長命を保っている技術ですが、それでもNewSQLやクエリジェネレータのように新しい技術の波が押し寄せてきています。そうした新たな潮流に対応できるようにするための最大の武器こそが、好奇心です（**04-01節**で紹介した計画的偶発性理論、覚えていますか？）。

　本書を読んだ後にさらなる深みへ降りていきたいと思った人に向けて、参考文献を案内します。

朝日英彦、小林隆浩、矢野純平『マルチクラウドデータベースの教科書』(翔泳社、2024)
　今後、データベースも否応なしにマルチクラウド化という大きな潮流に巻き込まれていきます。本書からは、各クラウドのDBaaSの解説だけでなく、マルチクラウド・アーキテクチャを前提としてデータベースをどのように設計・構築していくかというノウハウを学ぶことができます。

ミック『SQL緊急救命室』(技術評論社、2024)
　拙著で恐縮です。SQL初級者が中級者に上がるためのコツを、コミカルな対話形式でやさしく解説します。実行計画の読み方も出てきますが、それほど難しくないので「初めて実行計画を読む」という人の最初の1冊としても最適です。モダンなSQLの威力を実感してもらえればと思います。

戸田山和久『論理学をつくる』(名古屋大学出版会、2000)
　タイトルの通り、論理学をイチから作っていくというスタイルで書かれた、大学生向けの論理学の教科書です。米国の教科書を参考にして飛躍をなるべくなくし、

初学者が疑問に思うポイントも丁寧に解説してくれているため、非常に分厚い内容になっていますが、他の薄い教科書より逆に読みやすくなっています。著者が大学生の頃に読んだ本なので年月が経過していますが、いまだにこれを超える教科書を読んだことがありません。

野矢茂樹『言語哲学がはじまる』(岩波書店、2023)

　本書の中でも折にふれて言及した3人の言語哲学者フレーゲ、ラッセル、ウィトゲンシュタインの哲学にスポットを当てた解説書です。岩波新書なのでさくっと読みやすく、また言語哲学黎明期の知的興奮を伝えてくれる書籍です。もし本書を読んで奇特にも言語哲学に興味を持った方が最初に読む本としてどうぞ。ちなみに野矢茂樹氏は、著者が大学生のときに記号論理学の講義を担当されていた先生です。その意味で、野矢先生は著者がデータベースの分野に進むことになったきっかけを作ってくれた人でもあります。

遠山啓『無限と連続』(岩波書店、1952)

　RDBとSQLの基礎の1つでありながら、本書であまり取り上げることのできなかった集合論についての定評ある入門書。半世紀以上前の本なのにいまだにロングセラーとなっている化け物みたいな本です。無限を数えるという途方もない試みに挑んだ数学者カントールの無限集合論について、数式を使わずに解説した優れた啓蒙書です。著者もいつかこんな本を書いてみたいといつも思っています。

　最後に、本書を書くにあたって、関口裕士、木村明治、小林隆浩、有限会社アートライの坂井恵の四氏にレビュアーとしてご協力いただきました。ここに謝辞を記します。

　それでは、皆さんのエンジニアライフが充実したものになることを祈念しています。またどこかの本でお会いしましょう。

2024年12月　ミック

ミック

日本では、主にBI/DWHの設計からチューニングまで広い分野をカバーするデータベースエンジニアとして活動。2018年より米国シリコンバレーに活動拠点を移し、技術調査とビジネス開発に従事した後、2021年に帰国し、現在は先進技術の調査・レポートに従事している。『SQL緊急救命室』(技術評論社、2024年)、『達人に学ぶDB設計徹底指南書 第2版』(翔泳社、2024年)、『達人に学ぶSQL徹底指南書 第2版』(翔泳社、2018年)、『SQL実践入門』(技術評論社、2015年)、『プログラマのためのSQL 第4版』(翔泳社、2013年、監訳) など著書・訳書多数。

センスの良いSQLを書く技術
達人エンジニアが実践している35の原則

2025年1月27日　初版発行

2025年3月20日　再版発行

著者／ミック

発行者／山下 直久

発行／株式会社KADOKAWA

〒102-8177　東京都千代田区富士見2-13-3

電話0570-002-301 (ナビダイヤル)

印刷所／株式会社暁印刷

製本所／株式会社暁印刷

本書の無断複製 (コピー、スキャン、デジタル化等) 並びに
無断複製物の譲渡および配信は、著作権法上での例外を除き禁じられています。
また、本書を代行業者等の第三者に依頼して複製する行為は、
たとえ個人や家庭内での利用であっても一切認められておりません。

●お問い合わせ
https://www.kadokawa.co.jp/ (「お問い合わせ」へお進みください)
※内容によっては、お答えできない場合があります。
※サポートは日本国内のみとさせていただきます。
※Japanese text only

定価はカバーに表示してあります。

©Mick 2025 Printed in Japan
ISBN 978-4-04-607215-3 C3055